“1+X”证书制度电子装联职业技能系列丛书

电子装联职业技能等级证书考核题库

（中级）

戚国强　李朝林　徐建丽◎主　编

章建伟　许新伟　杨　彬　查忠平　陈　亮◎副主编

刘春光◎主　审

中国铁道出版社有限公司
CHINA RAILWAY PUBLISHING HOUSE CO., LTD.

内 容 简 介

本书为《电子装联职业技能等级证书教程》（中级）配套教材，以职业技能等级标准和电子装联工艺、品质管控、设备操作等岗位能力要求为依据进行编写。

本书重点围绕装联准备、基板贴装、基板焊接、基板检修、基板装联五大工作领域13个典型工作任务展开。全书分为理论知识考核试题和操作技能考核试题两部分，并附有理论知识考核试题答案和理论知识考核试卷样例及其答案。理论知识考核试题题型有判断题、单项选择题、多项选择题、简述题四种，题量大、覆盖面广，涵盖了电子装联职业技能培训教材的内容，与相应章节内容顺序呼应。本题库包含判断题323道、单项选择题340道、多项选择题246道、简述题53道、案例分析题17道和理论知识考核试卷样例两套、操作技能考核试卷样例一套。

本书可供申请“1+X”电子装联职业技能等级证书（中级）的人员使用，也可作为电子装联职业技能等级证书（中级）的补充题库，还可供开设电子信息类专业职业院校的师生参考。

图书在版编目（CIP）数据

电子装联职业技能等级证书考核题库：中级/戚国强，李朝林，徐建丽主编. —北京：中国铁道出版社有限公司，2023.3

（“1+X”证书制度电子装联职业技能系列丛书）

ISBN 978-7-113-26989-0

Ⅰ.①电… Ⅱ.①戚… ②李… ③徐… Ⅲ.①电子装联-生产工艺-职业技能-鉴定-习题集 Ⅳ.①TN305.93-44

中国版本图书馆CIP数据核字（2020）第104466号

书　　名：电子装联职业技能等级证书考核题库（中级）
作　　者：戚国强　李朝林　徐建丽

策　　划：祁　云　　编辑部电话：（010）63549458
责任编辑：祁　云　王占清
封面设计：尚明龙
责任校对：安海燕
责任印制：樊启鹏

出版发行：中国铁道出版社有限公司（100054，北京市西城区右安门西街8号）
网　　址：http://www.tdpress.com/51eds/
印　　刷：河北宝昌佳彩印刷有限公司
版　　次：2023年3月第1版　2023年3月第1次印刷
开　　本：787 mm×1092 mm　1/16　印张：9.25　字数：227千
书　　号：ISBN 978-7-113-26989-0
定　　价：28.00元

“1+X”证书制度电子装联职业技能系列丛书

编审委员会

序

电子信息制造业是中国制造业的重要组成部分，具有战略性、基础性和先导性等特点。根据“十三五”以来的《中国电子信息制造业综合发展指数报告》数据显示，中国电子信息制造业稳步增长，创新性强。新一代信息技术、工业互联网和人工智能等新技术的应用，促使电子信息制造业创新发展，并在生产过程中使用更多新技术、新工艺、新材料和新设备。“制造业的生命在于质量，提高产品和服务质量是制造业转型升级的重点任务之一，质量基于生产，生产成于技艺”，无论是优化生产制造流程还是把控生产工艺质量，都需要高素质技术技能人才。

职业院校是培养高质量制造业技术技能人才的摇篮。国家职业教育改革方案的贯彻实施，“1+X”证书制度的落地，有力地吸引和推动了一大批有社会责任感的行业龙头企业和领军企业积极投入职业教育，有力地促进了产教融合，有利于产业链和教育链的对接，有利于产业发展，更有利于职业院校毕业生就业和个人发展。

电子装联是电子信息制造业的关键生产工艺，其水平直接影响到产品的功能和可靠性，决定着产品的质量。提高电子装联工作者整体工艺技术水平，是提高我国电子信息产品竞争力的关键因素之一。快克智能装备股份有限公司（以下简称“快克公司”）作为中国智能制造百强上市企业，耕耘电子装联近30年，目前已成为技术领先的高可靠精密焊接、3D机器视觉、AI深度学习、高速点胶、高精贴合、半导体封装检测制造和服务供应商。这是中国电子信息制造业高速发展的缩影。快克公司在不断夯实自身电子智造雄厚的技术优势和特长的前提下，为更好推动和支撑电子装联产品创新和技术创新，引领电子信息制造业向前发展，贯彻“职教二十条”，推动“1+X”证书制度落地，特申请“1+X”证书职业技能等级评价组织，开发一套精准对接电子信息制造业需求的“电子装联”职业技能等级证书标准，以更好服务电子装联领域专业学生学习新知识和新技术，为产业培养源源不断的技术新人。为提高培训学习效果，快克公司在江苏电子信息职业学院、中兴通讯职业技术学院等众多大专院校和行业骨干企业的支持下，精心编写了供电子装联职业技能等级标准“1+X”证书培训的系列丛书。丛书编写汇集了电子装联领域企业、大中专院校既有丰富理论又有实践经验的资深专家队伍，这批专家可以说是业界的翘楚，这无疑保证了这套教材的水准。

丛书含培训教材（初、中、高）和配套题库，共6册，适用于“1+X”三个层级职业技能等级证书培训。丛书基本覆盖了现代电子装联的新知识和新技术，体现了教材的系统性、实用性和创新性，不仅在理论技术上有一定的深度，更在新技术、新应用和新趋势方面有许多突破。丛书的内容可以说是集行业企业的核心技术之大成，现在与中国铁道出版社有限公司联合将此丛书公开出版发行。

快克公司响应国家号召，践行企业“同心同行共成长、创新责任守正直”的愿景和社会责任，致力于把电子装联新工艺技术推广至行业、融入相关职业教育的课堂和实训，使职业教育和学生及在岗的技术技能人才受益。这不仅顺应产业发展需要和职业教育需要，也将有利于中国电子信息制造行业的发展，对助力“中国智造”和“中国创造”能力提升具有深远的影响。

工业和信息化部教育与考试中心　马蔷

2022 年 8 月

前　言

为贯彻落实《国家职业教育改革实施方案》，积极推动“1+X”证书制度的实施，在全国电子焊接技术智能化发展引领者——快克智能装备股份有限公司主导下，联合江苏电子信息职业学院、中兴通讯职业技术学院、南京中电熊猫信息产业集团有限公司、立讯精密工业股份有限公司等专业院校和行业领域龙头企业，共同开发了电子装联职业技能等级证书。为配合电子装联职业技能等级证书的考核，编者编写了电子装联职业技能等级证书系列培训题库。题库分初级、中级、高级，共三册。

本书隶属于系列培训题库的中级，对标电子装联职业技能标准考核方案，在环境稽核、静电防护、物料标码、印刷涂敷、贴装编程、贴片操作、再流焊接、选择性波峰焊接、机器人焊接、基板检测、基板返修、基板点胶、基板锁付等13项典型工作任务范围进行考核。本题库分为理论知识考核试题和操作技能考核试题两部分。理论知识考核试题按照工作任务进行划分，每个任务下有判断题、单项选择题、多项选择题、简述题四种题型。为方便培训人员自我学习、自我检查，该题库还提供了部分习题的参考答案，利于学习效果的检测。操作技能考核试题根据电子装联职业技能标准中技能等级要求，将技能要求转化为实操题目，百分百覆盖了技能点，保证了培训人员的学习范围不遗漏。

本书由戚国强（快克智能装备股份有限公司）、李朝林（江苏电子信息职业学院）、徐建丽（江苏电子信息职业学院）任主编，章建伟（快克智能装备股份有限公司）、许新伟（快克智能装备股份有限公司）、杨彬（快克智能装备股份有限公司）、查忠平（快克智能装备股份有限公司）、陈亮（江苏电子信息职业学院）任副主编，刘春光（北京竹辉科技中心）任主审。刘伟（江苏电子信息职业学院）、马勇（江苏电子信息职业学院）、朱桂兵（南京信息职业技术学院）、邱华盛（中兴通讯职业技术学院）、冯恩中（南京中电熊猫信息产业集团有限公司）为本书编写提供了大量素材，在此一并表示由衷感谢。

由于时间仓促、编者水平有限，加之电子装联技术高速发展，书中疏漏和不当之处在所难免，敬请广大读者批评指正。我们将持续更新题库内容，更好地服务于行业高端技术技能人才的培养。

编　者

2022年8月

目 录

一、技能标准

电子装联职业技能等级要求（中级）见下表。

电子装联职业技能等级要求（中级）表

<table>
<tr><th>工作领域</th><th>工作任务</th><th>职业技能要求</th></tr>
<tr><td rowspan="3">1. 装联准备</td><td>1.1 环境稽核</td><td>1.1.1 能依据现场作业环境5S点检结果，提出5S改善报告
1.1.2 能依据对车间环境参数点检结果，提出装联安全作业改善报告
1.1.3 能依据对车间静电防护点检结果，提出静电防护作业改善报告</td></tr>
<tr><td>1.2 静电防护</td><td>1.2.1 能根据静电防护要求，正确穿戴防静电腕带、衣帽、鞋等
1.2.2 能根据静电防护要求，测量防静电腕带和防静电鞋是否合格
1.2.3 能根据静电防护要求，测量实训工作台静电接地是否合格</td></tr>
<tr><td>1.3 物料标码</td><td>1.3.1 能看懂物料清单，识读物料规格参数
1.3.2 能制作物料标签，并在指定位置贴码标识
1.3.3 能排除存储物料的标码错误并进行改正</td></tr>
<tr><td rowspan="3">2. 基板贴装</td><td>2.1 印刷涂敷</td><td>2.1.1 能正确回温锡膏
2.1.2 能正确安装刮刀、钢网、擦拭纸并加注锡膏
2.1.3 能正确输入PCB尺寸及MARK点坐标等参数，完成编程
2.1.4 能调用印刷作业程序，完成印刷并目视检查印刷质量</td></tr>
<tr><td>2.2 贴装编程</td><td>2.2.1 能根据物料清单，建立贴片机元件库
2.2.2 能根据PCB尺寸及MARK点坐标等参数，完成编程
2.2.3 能根据贴装位置信息，导出料站表</td></tr>
<tr><td>2.3 贴片操作</td><td>2.3.1 能根据料站表及物料编号，安装物料到供料器
2.3.2 能将各类型供料器安装到贴片机料站内
2.3.3 能对贴片机吸料，完成调试校准作业
2.3.4 能采集贴装缺件、偏移、抛料等缺陷信息，改善贴装品质</td></tr>
<tr><td rowspan="2">3. 基板焊接</td><td>3.1 再流焊接</td><td>3.1.1 能根据PCB尺寸、元器件分布，使用热电偶制作炉温测试板
3.1.2 能使用炉温测试仪和炉温测试板，测试炉温曲线
3.1.3 能根据炉温曲线，优化设置炉温参数，完成再流焊作业</td></tr>
<tr><td>3.2 选择性波峰焊接</td><td>3.2.1 能根据元器件引脚和焊盘尺寸以及相邻器件布局等参数，选用合适的波峰喷嘴
3.2.2 能正确设置及校准预热及焊接区温度
3.2.3 能熟练运用离线式选择性波峰焊操作软件完成程序编辑和焊接作业</td></tr>
</table>

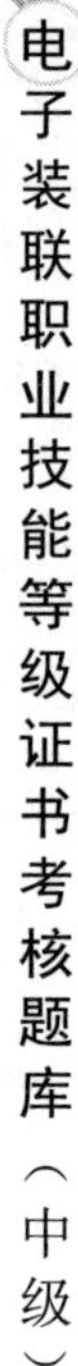

续表

工作领域	工作任务	职业技能要求
3. 基板焊接	3.3　机器人焊接	3.3.1　能合理选择并更换锡丝和焊嘴，设定相应温度并使用温度测试仪点检温度、校准温度 3.3.2　能根据产品特性分析，编制合适的焊接程序，操作焊接机，完成自动焊接作业 3.3.3　能根据焊接结果，优化焊接参数，提升焊接良率
4. 基板检修	4.1　基板检测	4.1.1　能根据 AOI 作业指导书编辑检测程序，完成检测作业 4.1.2　能根据 AOI 检测结果，人工复判确认 4.1.3　能根据 AOI 检测记录，优化工艺参数
	4.2　基板返修	4.2.1　能根据元器件类型，选用不同的返修工具及设备 4.2.2　能正确使用返修工具及设备拆焊通用型器件 4.2.3　能正确使用 BGA 返修台，完成芯片返修作业
5. 基板装联	5.1　基板点胶	5.1.1　能编制合适的点胶作业程序 5.1.2　能根据胶水的特性及点胶量大小选择合适的针头 5.1.3　能设置、修改点胶工艺参数，完成点胶作业
	5.2　基板锁付	5.2.1　能根据锁付产品的不同，选择合适的批头、吸嘴和供料器 5.2.2　能根据工艺要求，设置电批扭矩、速度等参数，完成编程和锁付作业 5.2.3　能对锁付数据进行分析，并优化工艺参数

二、考评标准

为落地“电子装联职业技能等级”考评工作，推进做大“1+X”证书制度试点工作范围，快克智能装备股份有限公司（以下简称“快克公司”）组织专家编写了《电子装联职业技能等级证书考核方案》，现具体说明如下：

（一）考核原则

1. 整体性原则

基于电子信息制造业电子装联岗位活动的整体状况和水平，电子装联职业技能等级考评不仅突出电子装联岗位的主流技术、主要技能要求，还兼顾行业不同地域间可能存在的差异，同时还考虑电子装联未来技术的发展。考评定位于全国中职院校、高职本科等职业院校电子信息类相关专业学生技能的平均先进水平，即多数专业学生经过教育培训或岗位实践能够达到的水平。

2. 等级性原则

电子装联职业技能等级考评按照职业岗位活动范围的宽窄、工作责任的大小、工作难度或技术复杂程度的高低所划定的职业技能等级，系统化设计梯次式考评方案。

3. 实用性原则

电子装联职业技能等级考评客观、准确地反映工作现场对岗位人员的理论知识和技能要求，符合职业教育培训、人才技能鉴定评价的需要。

4. 可操作性原则

电子装联职业技能等级考评内容覆盖专业技能、专业知识、职业素养三个方面，力求具体化、可度量、可检验，便于实施。考评方式采用线上线下混合式考评，即线上考评专业知识，线下考评专业技能。

5. 对接性原则

电子装联职业技能等级考评对接学分银行，引入学习成果抵扣学分应用模式，建立学分等级与学分通用机制。

（二）考核对象

面向电子信息类专业中职、高职、高职本科院校学生。

（三）考核方式

电子装联职业技能等级考核分为理论知识考核和操作技能考核。理论知识考核采用笔试或机考等方式；操作技能考核采用现场实操考核方式，两部分考试成绩均合格的学员可以获得相应级别的职业技能等级证书。题型、时间分配、总分、合格标准分见下表。

考试类别	题　　型	时间分配/分钟	总分	合格标准分
理论知识	客观题和主观题组合	60	100	60
操作技能	实操题	120	100	60

（四）理论知识考核

理论知识考核试卷满分 100 分，共 55 道题，其题型、题量、分值和配分等参数见下表。

考试日期__________答题时间__________组卷人__________审核人__________

【电子装联】理论知识考核组卷方案

题　　型	考核方式	开闭卷	鉴定题量	分　　值	配分
判断题	机考或笔试	闭卷	10	1/题	10
单项选择题			30	1/题	30
多项选择题			10	1/题	10
简述题			5	10/题	50
小计	—	—	55	—	100

1. 考试方式

采用线上机考或笔试方式，采用由客观题和主观题组合的非标准化试卷。

2. 考试题型及分布

客观题型：判断题、单项选择题、多项选择题。

主观题型：简述题。

3. 开闭卷

采用闭卷考试。

4. 鉴定题量与配分

总配分为 100 分，考核时间为 60 分钟。

（五）操作技能考核

操作技能考核按照“电子装联操作技能考核项目表”进行安排，分为“项目”“模块”两个层次。根据工作领域、工作任务划分项目和模块，确定考核方案，并反映各项目、模块的考核内容、考核方式、选考方法、考核时间及配分等。

1. 项目划分

依据“工作领域”进行划分。

2. 模块划分

依据“工作任务”进行划分。模块内容独立考核，且各个模块内容不相互关联。操作技能考题以模块为单位进行命题。

3. 考试方式和配分

根据试题要求进行现场实操，考试分为必考和选考两种题型。

总分为百分制。具体分值根据职业技能等级和模块性质进行分配。中级操作技能考核项目见下表。

电子装联操作技能考核项目（中级）表

序号	项目名称	模块编号	模块内容	考核方式	考试方式	考核时间/分钟	配分
1	装联准备	1.1	环境稽查	现场实操	必考	2	2
		1.2	静电防护	现场实操	必考	2	3
		1.3	物料标码	现场实操	必考	6	5
2	基板贴装	2.1	印刷涂敷	现场实操	必考	15	10
		2.2	贴装编程	现场实操	必考	10	13
		2.3	贴片操作	现场实操	必考	10	12
3	基板焊接	3.1	再流焊接	现场实操	三选一	30	20
		3.2	选择性波峰焊接	现场实操			
		3.3	机器人焊接	现场实操			
4	基板检修	4.1	基板检测	现场实操	必考	10	10
		4.2	基板返修	现场实操	必考	20	15
5	基板装联	5.1	基板点胶	现场实操	二选一	15	10
		5.2	基板锁付	现场实操			
合计						120	100

（六）鉴定要求

1. 申报条件

达到法定年龄，具有相应技能的劳动者或学生均可申报。

2. 考评员构成

考评员应具备相应专业领域的专业知识及实际操作经验，每个考评组不少于2名考评员。

3. 鉴定设备要求

（1）操作场地光线充足，整洁无干扰，空气流通，具有安全防火措施和监控设备。

（2）具有考核鉴定的基本配置和实操考核专业设备。专业实训设备清单见下表。

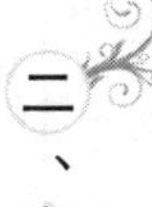

专业实训设备清单表

工作领域	设备名称	建议数量
装联准备	静电电压测试仪	≥1
	表面电阻测试仪	≥1
	人体综合测试仪	≥1
	静电消除器	≥4
	腕带监控器	≥4
	手持打印机	≥1
	冷藏箱	≥1
	贴片料货架	≥1
基板贴装	丝网印刷机	≥1
	贴片机	≥1
基板焊接	再流炉测试仪	≥1
	再流焊炉	≥1
	选择性波峰焊	≥1
	自动焊接机	≥2
基板检修	焊点检查 AOI	≥1
	BGA 返修台	≥2
	焊台温度测试仪	≥4
	拆焊台温度测试仪	≥4
	烟雾净化过滤系统	≥4
	智能控温焊台	≥4
	智能热风拆焊返修台	≥4
	返修吸锡枪	≥4
	返修工作桌	≥4
基板装联	自动螺丝机	≥2
	扭矩测试仪	≥2
	自动点胶机	≥2
辅助连接设备	传输轨道	5

三、学习指南

（一）学习目标与任务

以电子装联岗位的典型工作任务为载体，针对电子装联职业岗位，培养学生制程设计、产品生产与检测、设备编程与操作能力。通过本技能学习，帮助电子信息类相关专业毕业生或在企员工在未来职业生涯中从初始的低层次设备操作员向更高层次的工艺员、程序员、品管技术员等岗位迁移。

（二）学习要点

授课章节		知识点及要求
1. 装联准备	1.1　环境稽核	识记： 5S 现场管理规范； 车间静电防护点检要求； 安全标识。 应用： 依据现场作业环境进行 5S 点检，并提出改善报告； 依据检测车间的环境参数，提出安全装联作业改善报告； 依据静电设备及静电防护的点检情况，提出静电防护的改善报告
	1.2　静电防护	识记： 静电来源及危害； 静电消除方法； 静电防护要点； 车间静电系统改善方法。 应用： 正确穿戴防静电腕带、衣帽、鞋； 测量防静电腕带和防静电鞋是否合格； 测量实训工作台静电接地是否合格
	1.3　物料标码	识记： 封装形式； 物料规格参数。 应用： 制作物料清单表及物料标签； 对错码进行改善

续表

授课章节		知识点及要求
2. 基板贴装	2.1 印刷涂敷	识记： 焊膏的性能及保存、使用工艺要点； 印刷机结构及主要工艺参数； 印刷编程步骤。 应用： 焊膏选用，焊膏回温； 印刷机调试生产； 印刷品质检测
	2.2 贴装编程	识记： 贴片机结构及主要工艺参数； 贴装编程步骤； BOM 表识读。 应用： 制作基板数据，设定轨道宽度，制作基准点； 制作贴片数据，设定贴片点坐标、贴片角度等参数； 制作元件数据，设定元器件、供料器及吸嘴等参数； 制作吸取数据，识别相机及贴装头设置； 设定贴装工艺参数，编制优化贴装程序
	2.3 贴片操作	识记： 不同供料器的结构、装料要领； 元器件整盘换料、接料换料要领； 贴片吸料校准； 贴片作业标准、缺陷类型与成因。 应用： 将物料安装到供料器和贴片机料站； 正确完成贴片操作； 采集产品贴装缺陷，分析产生原因
3. 基板焊接	3.1 再流焊接	识记： 炉温测试板制作方法； 炉温曲线分区及作用； 再流焊炉结构及主要工艺参数； 焊接缺陷检测标准。 应用： 根据实训板特性制作测温板； 优化不同产品炉温参数和炉温曲线； 分析焊点不良原因，现场排除缺陷
	3.2 选择性波峰焊接	识记： 选择性波峰焊机的结构及主要工艺参数。 应用： 根据产品元器件特性，选择合适的喷嘴； 校准设置的焊接温度； 分析不良焊点原因，排除现场焊点缺陷

续表

授课章节		知识点及要求
3. 基板焊接	3.3 机器人焊接	识记： 焊接机器人的结构及主要工艺参数。 应用： 根据不产品特性选择锡丝与焊嘴； 设置优化焊接温度； 分析焊点缺陷原因，现场排除故障
4. 基板检修	4.1 基板检测	识记： AOI 设备的结构及主要工艺参数； AOI 设备的编程与操作步骤； AOI 人工复判确认流程。 应用： 编制 AOI 设备检测程序； 检测 PCBA 缺陷焊点； 实施焊点缺陷改善分析
	4.2 基板返修	识记： 焊台机械结构，不同类型返修工具特性； 焊台温度设定方法； BGA 返修台操作步骤。 应用： 操作红外热风返修台等工具，修复或更换 QFP 等器件； 返修 BGA、热湿敏类等不良焊点器件
5. 基板装联	5.1 基板点胶	识记： 点胶机器人的结构及主要工艺参数； 点胶机器人的操作与编程步骤； 贴片胶的性能参数及使用场合。 应用： 编制合适的点胶作业程序； 根据胶水的特性及点胶量大小，选择合适的针头； 设置、修改点胶工艺参数，完成点胶作业
	5.2 基板锁付	识记： 锁付机器人的结构及主要工艺参数； 锁付机器人的操作与编程步骤； 锁付机器人的使用场合。 应用： 根据锁付产品的不同，选择合适的批头、吸嘴和供料机； 根据工艺要求，设置电批扭矩、速度等参数完成编程； 对锁付数据进行分析，并优化工艺参数

（三）学习思路

基于电子装联工作岗位，按照产品装联的工艺流程，首先从生产准备工作任务入手，了解

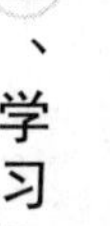

SMT职场环境、物料标码方法、工艺设计；其次学习贴装工艺，了解焊膏涂敷的原理、设备编程、工艺参数设置与调整，了解不同元器件的贴装工艺要点，以及贴装参数的调整方法；再次学习焊接工艺，学习再流焊、选择性波峰焊以及机器人焊接三种工艺方法；接着学习基板检修，了解AOI产品质量判定方法以及BGA返修方法；最后学习基板点胶和基板锁付两种基板装联方法。

（四）学习场所

1. 校内电子产品制造中心

课堂进入车间，教室与生产车间融为一体，每个生产岗位配一名指导教师，指导学生实习。每个实训中心，至少配1块防静电工作区、1条SMT自动贴装生产线、1条选焊插件焊接生产线、1条手工焊接及返修生产线、1条电子装联点胶生产线、1条电子装联锁付生产线。学生可以通过课外预约进入车间，进行针对性岗位自主实习，巩固提高专业技能。

2. 校外实习基地

依据专业人才培养方案，在第二学期、第四学期暑假安排学生到企业进行顶岗实习，重点培养学生职业规范，帮助学生体验职场环境，增强学生对企业的认知，提升学生团队合作及沟通合作能力。

（五）学习计划

参照课程授课计划。

（六）考核方式

参照技能考核标准。

（七）学习资源

1. 参考文献

[1] 戚国强，李朝林，徐建丽. 电子装联职业技能等级证书教程：中级[M]. 北京：中国铁道出版社有限公司，2022.

[2] 李朝林，魏子陵. SMT设备维护[M]. 天津：天津大学出版社，2009.

[3] 刘哲. 现代电子装联工艺学[M]. 北京：电子工业出版社，2016.

[4] 樊融融. 现代电子装联工艺过程控制[M]. 北京：电子工业出版社，2010.

2. 设备资源

教学区	图例	说明
电子装联静电防护		由人体综合测试仪、静电电压测试仪、表面阻抗测试仪组成； 主要用于培养学生静电测试点检技能
SMT 自动贴装生产	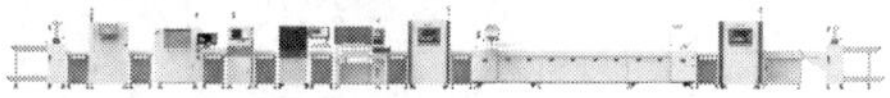	生产线由激光打标机、印刷机、贴片机、再流焊、炉后检测 AOI 组成； 主要用于培养学生 SMT 设备生产、编程、检测等技能
选焊插件焊接		生产线由离线式选择性波峰焊设备组成； 主要用于培养学生插件物料焊接技能
电子装联自动焊接	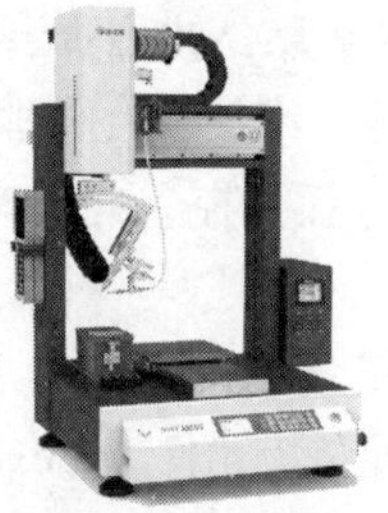	由桌面式焊接机器人组成； 主要用于培养学生桌面式焊接机器人设备操作编程技能
手工焊接和返修	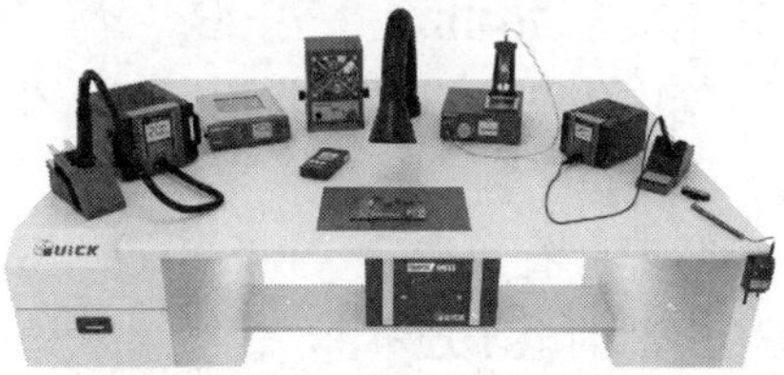	由 BGA 返修台、烟雾净化系统、智能控温焊台、智能热风拆焊返修台等设备组成； 主要用于培养学生进行普通元器件及 BGA 焊接返修技能
电子装联点胶/锁付	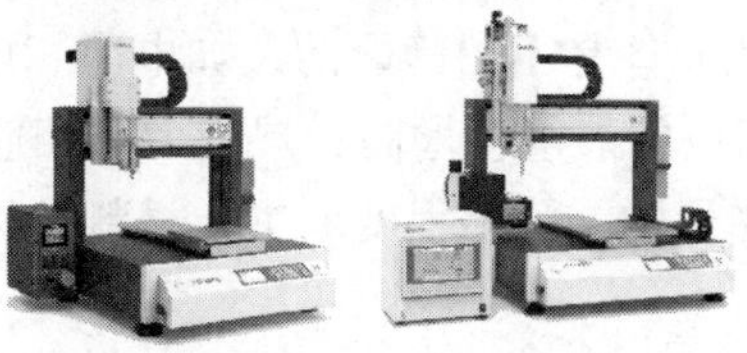	由桌面式点胶机器人和桌面式锁付机器人组成； 主要用于培养学生点胶和锁付技能

四、理论知识考核试题

（一）判断题

工作领域一　装联准备

1.（　　）SMT 环境温度要求通常为（23 ± 5）℃。

2.（　　）在相对湿度大于 50%的环境中，防静电工作服允许选用纯棉制品。

3.（　　）防静电腕带所起的作用只不过是将人体静电流出，因此作业人员在接触到 PCB 时，可以不戴。

4.（　　）需运回厂家或维护中心的待修印制电路板组件，无须先装入防静电屏蔽袋就能运送。

5.（　　）防静电地线不得与防雷地线共用，但可以接在电源零线上。

6.（　　）SMT 的两种基本生产工艺流程是回流焊和再流焊。

7.（　　）SMT 组装的基本工艺流程是：印刷，贴片，波峰焊，检测，清洗。

8.（　　）负责生产设备选型、安装、调试、保养、维护、故障排查是工艺工程师的职责。

9.（　　）制定实施 SMT 工艺规程，保证工艺过程受控，确保产品的质量和生产效率，是质量工程师的职责。

10.（　　）当组件中没有通孔元件的时候，应尽量采用再流焊工艺进行 PCB 组装。

11.（　　）SMT 是表面安装器件（SMD）、表面安装元件（SMC）、表面安装印刷电路板（SMB）、点胶、涂膏、表面安装设备、焊接及在线测试等完整的工艺技术的统称。

12.（　　）电子装联工作场地的噪声应该不大于 70 dB。

13.（　　）尽管静电荷产生的电场会对空气中的灰尘有吸附作用，但灰尘不会降低元器件、单板或器件的绝缘阻抗，不影响电性能。

14.（　　）静电产生的大小在环境上主要与湿度有关。

15.（　　）静电产生的实质是电中性原子内部的电子迁移。

16.（　　）相对湿度为 70%时，人体活动不会产生静电。

17.（　　）IC 容易被静电损坏，而其他元件是不怕静电的，如电阻、电容。

18.（　　）温度高，离子活跃度大，相应的静电会增高；湿度大，相应的静电会降低。

19.（　　）静电敏感元件很容易受 ESD 影响，敏感程度取决于材料及构造，元件越大越敏感。

20.（　　）静电接地线的每个接点应牢固焊接，可与电源的地线共用。

21.（　　）影响摩擦生电的因素有相对湿度和摩擦频率。

22.（　　）作业指导书可以用于岗前培训员工。

23.（　　）员工在开始工作时，可以不看作业指导书。

24.（　　）片式电阻上标注 331 代表阻值为 33 Ω。

25.（　　）色环编码规则中，四色环从左到右，第一、二位为有效值，第三位为指数，第四位为误差值。

26.（　　）物料编码规则要求：一种物料不能有多个物料编码，一个物料编码不能对应多种物料。

27.（　　）物料编码有利于 ERP 系统管理。

28.（　　）物料编码中可以包含一些特殊符号。

29.（　　）公司外部的物料代码可以当作公司内部的物料编码使用。

30.（　　）尽管印刷钢网张力测试不达标，但仍可以继续使用。

31.（　　）机器正常开机前不需要检查有无异常。

32.（　　）机器开机前应当检查安全防护门是否在正确位置，是否有效。

33.（　　）设备工艺技术要求：先进性，适用性，经济合理性，安全可靠性。

34.（　　）印刷钢网张力测试时应至少选取五个点——四个角及中间，四角应放置在离边距 15 ~ 20 cm 处。

35.（　　）作业指导书是定岗定员和工作分析的基础。

36.（　　）作业指导书是质量改进的基础。

37.（　　）五色环从左到右第一、二、三位色环为有效值，第四位为指数，第五位为误差值。

38.（　　）物料编码不便于物料的领用。

39.（　　）在差异微小的情况下，不同的物料可以共用同一物料编码。

40.（　　）作业指导书内容需要详细介绍当前工位每项操作的作业方法。

41.（　　）作业指导书是降低成本、提高工作效率的基础。

42.（　　）激光是看不见摸不着的，对人体无伤害，可以用眼睛直视。

43.（　　）与油墨喷码相比较，激光标刻印记呈现视觉效果更清晰，面积更小，内容更多。

44.（　　）激光可应用于金属材料和非金属材料的标刻印记、切割分离、熔融焊接加工工艺。

45.（　　）设备进入生产现场后，可以按客户要求随意摆放。

46.（　　）激光打标机目前有 CO_2激光打标、紫外激光打标、光纤激光打标、绿激光打标。

47.（　　）激光标刻印记后可以擦除，可以反复多次标记使用。

48.（　　）设备中的 STOP 点可以任意设定，不受 PCB 影响。

49.（　　）PCB 板在激光标刻印记过程中，人员要远离机器，防止被激光辐射到。

工作领域二　基板贴装

1.（　　）焊膏的保管要控制在 2 ~ 10 ℃的环境下。

2.（　　）焊膏开封前须回温到环境温度，回温时间约 3 ~ 4 h，禁止使用加热器使温度上升。

3.（　　）焊膏的两大主要成分：合金粉末占 90%左右，糊状焊剂占 10%左右。

4.（　　）有铅焊膏合金粉末的常见材料是 Sn 和 Pb。

5.（　　）有铅焊料合金配比是 Sn63/Pb37。

6.（　　）无铅焊料目前通常是用另一种元素代替 Sn–Pb 中的 Pb，如铜（Cu）。

7.（　　）无铅焊料的熔点比有铅焊料的熔点更高。

8.（　　）焊膏中的 Sn 和 Pb 的体积比是 1∶1，重量比是 2∶1。

9.（　　）焊膏快速解冻，必须要用高温加热。

10.（　　）器件干燥箱的相对湿度应小于 10%。

11.（　　）贴片胶（红胶）使用前应进行回温和脱泡。

12.（　　）印刷机刮刀的长度可根据需要随意订制与购买，即长度不固定。

13.（　　）印刷最好采用胶质刮刀，有利于印刷在焊盘上的焊膏成型和脱膜。

14.（　　）焊膏印刷只能用半自动印刷、全自动印刷来生产，别无他法。

15.（　　）印刷中要做到勤观察，少加次数多加量。

16.（　　）焊膏丝网印刷法适用于元器件焊盘间距较小、组装密度高的生产。

17.（　　）一般来说，如果 PCB 设计、印制电路板与元器件质量都没有问题，那么在 SMT 工艺中出现的质量问题，60%～70%是印刷工艺导致的。

18.（　　）接触式印刷与非接触式印刷相比多了一个离网间隙。

19.（　　）印刷机是 SMT 生产线中关系产品质量最关键的工序，也是 SMT 生产中最复杂的设备。

20.（　　）所谓 SMT 产品集成组装系统是制造企业将所有的 SMT 生产线通过轨道传输，信息共享，采用 CIMS 系统进行控制的完整系统。

21.（　　）温度异常是机械设备故障的“热信号”，利用这种热信号可以查找机件缺陷和诊断各种由热应力引起的故障。

22.（　　）印制板图像识别标志 PCB Mark（Fiducial Mark），提供印刷机、贴片机用于定位的标志，设计原则是对角设计，且一般不可对称。

23.（　　）PCB 板开封 24 h 后，不需要使用真空包装进行管控。

24.（　　）焊膏的两大成分是合金粉末和糊状焊剂。

25.（　　）焊膏使用前须充分搅拌，搅拌机搅拌时间为 1～3 min 左右，人工搅拌时间为 10 min 左右。

26.（　　）不同品牌的焊膏不能混用，但同一品牌已失效或用过的焊膏可以与未用的混放。

27.（　　）贴片胶的作用主要是将元器件固定在印制板上。

28.（　　）贴片胶在使用前需要从冰箱中取出回温，一般回温时间最少 4 h。

29.（　　）印制电路板上的 Mark 点在印刷、贴片、检测工位均需要用到。

30.（　　）钢网表面刮不干净会引起印锡拉尖缺陷。

31.（　　）焊膏黏度过大，会影响焊膏的转移，容易出现转移不充分的情况，进而出现印刷的少锡不良。

32.（　　）SMT 流程是：送板→焊膏印刷→高速机贴片→泛用机贴片→再流焊接→AOI→收板。

33.（　　）公制 3216 封装表示该元件尺寸为长 3.2 mm，宽 1.6 mm。

34. (　　) 电容表面标注了 101 表示该电容容值为 100 pF。

35. (　　) 封装 SOD 的中文名称是小外形二极管。

36. (　　) 封装 QFP 的中文名称是方形扁平封装。

37. (　　) 未开封的塑封元器件存储的条件为室温低于 40 ℃，相对湿度小于 60%。

38. (　　) 塑封 SMD 当开封时发现湿度指示卡的湿度为 30%以上时，在贴装前一定要先进行驱湿烘干。

39. (　　) 贴片机的旋转误差主要是依靠贴装头的 Z 轴电机进行调节。

40. (　　) 不同贴片机厂家对贴片机的试样板选择可以不统一。

41. (　　) 贴片机验收时贴装的 PCB 满足 SMT 检验规范的标准是 99.9%。

42. (　　) 贴片机的贴装能力很强，只要尺寸合格的 PCB 均可贴装，对定位孔、工艺边以及 Mark 点的设置可根据产品需要任意设置。

43. (　　) 贴片机贴装程序的优化原则是换吸嘴次数少，吸装路径短。

44. (　　) 多功能贴片机在 SMT 线体中通常起到调节的作用。

45. (　　) 贴片工艺的要求之一是贴装好的元器件应当完好无损。

46. (　　) 一个完整的贴片过程应包含吸嘴取料、元器件辨识、元器件贴片。

47. (　　) 贴片机编程能力是指贴片机可以实现离线编程的能力。

48. (　　) 贴片工艺的要求之一是元器件焊端或引脚和焊盘对齐，居中。

49. (　　) 贴片机保养润滑常用润滑油和润滑脂，需要每个月进行至少一次。

50. (　　) 贴片机保养时为了提高润滑效果，可使用较多润滑油润滑并降温。

51. (　　) 器件贴装定位图像识别标志 IC Mark（Local Fiducial Mark），是为了保证大型、细节距 IC 贴装时的定位精度，设计原则是对角设计，可以对称。

52. (　　) 表面组装器件（SMD）主要包含半导体分立器件和集成电路。

53. (　　) 精度代码 M（K,J,G,F）的精度为 ± 20%(± 10%, ± 5%, ± 2%, ± 1%)。

54. (　　) 47uF 10V 20% (H) BATCH A282396T007 是某电容料盘上的标签，表明该电容容值是 47 μF，耐压值是 10 V，精度是 ± 20%。

55. (　　) SOP 封装的中文名称是小外形封装器件。

56. (　　) BGA 封装的中文名称是球形栅格阵列。

57. (　　) PLCC 封装的中文名称是塑料有引线芯片载体。

58. (　　) 塑封元器件存储时包装袋内应有干燥剂以及湿度指示卡，不使用时不能开封。

59. (　　) 塑封 SMD 超期存储时，在贴装前一定要先进行驱湿烘干。

60. (　　) 贴片机常用的喂料器类型有五种，但主要是编带式喂料器。

61. (　　) 贴片机选型验收时一般可以根据客户需要自由选择试样板测试。

62. (　　) 贴片机每季度需将空气过滤器拿出一次，查看其污染情况。

63. (　　) 贴片机使用时，新旧产品一个主要的差别是前者需要首先编制贴片程序并设置图像处理参数。

64. (　　) 贴片机中常用于贴片工序测量的传感器有压力传感器、负压传感器、图像传感器、温度传感器、位移传感器等。

65. (　　) 元器件贴装过程依次是：基板导入与定位，元件拾取与贴装，坏板检查，元件定位，贴片，基板导出。

66. （ ）贴片机驱动系统中丝杆传动精度一定高于传送带传动精度。

67. （ ）贴片机编程即按照要求填写相关数据，元器件编码不需要一致。

68. （ ）当发现零件贴偏时，必须马上对其做个别校正。

69. （ ）贴片工艺的要求之一是元器件的类型、型号等要符合要求。

70. （ ）能贴装大型器件和异型器件的贴片机是多功能贴片机。

71. （ ）急停开关是一种安全有效的保护开关。

72. （ ）贴片机应该先贴大元件，再贴小元件。

73. （ ）为了作业方便，目检人员可以不戴手套。

74. （ ）在关闭贴片机和其他周边设备时，一定要按照关机流程所注明的步骤来操作完成。

75. （ ）在贴片机回原点过程中，可以按任意键停止。

76. （ ）机器在正常运行时，严禁将手和身体其他部位伸入机内。机器出现紧急情况时应按下“急停”开关。

77. （ ）对 PCB 来料进行真空包装的目的是防潮、防尘、防氧化。

78. （ ）进入 SMT 工作场地时，必须穿防静电衣帽和防静电鞋。

79. （ ）贴片机绿灯亮表示机器运作正常。

80. （ ）通常按照使用方法将焊膏印刷机分为手动印刷机、半自动印刷机和全自动印刷机。

81. （ ）在开始生产之前，应该将搅拌好的焊膏加在钢网的任意区域。

82. （ ）做印刷程序时，为防止印刷机卡板，应将 PCB 尺寸部分的宽度加大 3 mm。

83. （ ）一台新的全自动印刷机，第一次印刷时刮刀压力设成 10 kg 仍然不能刮干净钢网表面的焊膏，一定是机器有问题了。

84. （ ）为了保证印刷机能长期稳定运行，需要对设备进行定期保养。

85. （ ）全自动焊膏印刷机，只能用来印刷焊膏。

86. （ ）用户可以随意修改设备参数，以使设备能达到更好的性能。

87. （ ）设备出现紧急情况时，应立即按下“急停”按钮，并寻求厂家技术支持。

88. （ ）关机时应直接关掉主电源开关。

工作领域三　基板焊接

1. （ ）设定一个再流焊温度曲线时，需要考虑的因素很多，一般包括所使用的焊膏特性、再流焊炉的特点等，但不需考虑 PCB 板的特性。

2. （ ）无铅焊料就是焊料中 100%不含铅。

3. （ ）目前电子制造企业常用的再流焊炉的炉体长度大多为 4 ~ 5 m。

4. （ ）10 温区的再流焊炉肯定比 5 温区的再流焊炉炉体长。

5. （ ）红外再流焊炉的缺点是因为有阻挡阴影，会导致元器件受热不均匀。

6. （ ）汽相再流焊炉的优点是热转化率高，缺点是成本高、破坏环境。

7. （ ）双面组装 PCB 通常选用网带加传送导轨的方式进行传送。

8. （ ）无铅再流焊炉的最高加热温度为 300 ~ 350 ℃。

9. （ ）再流焊炉的冷却速度越快，焊点的焊接质量越好。

10. (　　) 再流焊温度曲线由升温区、保温区、焊接区、冷却区所组成。

11. (　　) 利用加热器和风扇，使得炉腔内的气体升温并循环，PCB 组件经炽热气体加热而实现的焊接，属于热风再流焊。

12. (　　) 再流焊炉中加热区数量越多、长度越长，越容易调整和控制温度曲线。

13. (　　) 使整个 PCB 板达到均衡温度，减少焊接区热冲击；激发活性剂的活性，并去除焊接表面的氧化物，属于再流焊中保温区的作用。

14. (　　) 再流焊时，冷却曲线和焊接区曲线镜像程度越高，焊点质量越高。

15. (　　) 再流焊时，预热温度太慢，容易造成焊膏塌陷，造成短路。

16. (　　) 选择性波峰焊焊接产品表面会有很多助焊剂残留。

17. (　　) 选择性波峰焊针对整板不同的焊点可实施不同的焊接参数。

18. (　　) 选择性波峰焊可实现高效节能，优化焊接品质。

19. (　　) 选择性波峰焊焊接的产品通孔填充率可大于 100%。

20. (　　) 选择性波峰焊可定义为"非接触式"焊接，能防止造成元器件损伤。

21. (　　) 选择性波峰焊组成架构为：助焊剂喷涂、预热、焊接。

22. (　　) 助焊剂具有腐蚀性，能够去除母材表面油渍。

23. (　　) 通孔插件引线末端只要超出焊盘表面即为合格。

24. (　　) 焊接时间越长就越能保证焊点通孔填充率的提高。

25. (　　) 再流焊炉一般均包括冷却装置，但该装置也可以独立于炉体之外。

26. (　　) 热风再流焊炉的缺点是因为有阻挡阴影，会导致元器件受热不均匀。

27. (　　) 红外再流焊炉的优点是热效率高，温度曲线易控制。

28. (　　) 再流焊炉的温度控制精度为 ±5 ℃。

29. (　　) 再流焊的特点之一是能控制焊料施加量，减少了虚焊、桥接等焊接缺陷。

30. (　　) 再流焊的特点之一是有自定位效应。

31. (　　) 再流焊的特点之一是工艺简单，返修的工作量较小。

32. (　　) 以热传导为原理，发热器件为传送带下的加热板，利用其所产生的热量实现焊接，属于热传导再流焊。

33. (　　) 再流焊时，焊接区峰值温度应该高于焊膏熔点 2 ℃。

34. (　　) 再流焊时，预热温度太快，会使元件受到热冲击，将降低或损伤元件性能与寿命。

35. (　　) 选择性波峰焊焊接不需要使用 N_2。

36. (　　) 选择性波峰焊焊接时受到向上的焊料重力影响。

37. (　　) 再流焊用于焊接 SMT 贴片线路板。

38. (　　) 选择性波峰焊编程可支持 dxf、dwg、gerber 格式文件。

39. (　　) 拉尖产生的原因可能是温度过低。

40. (　　) 有铅焊料和无铅焊料的熔点温度相同。

41. (　　) 焊接参数可以根据实际情况更改。

42. (　　) 非操作人员严禁开启选择性波峰焊设备的防护罩。

43. (　　) 捞取的锡渣应当作废料直接扔到垃圾桶里。

44. (　　) 选择性波峰焊设备轨道可以根据产品大小来进行调整。

45.（ ）焊剂桶中只能使用压缩空气。

46.（ ）选择性波峰焊使用电压是 380 V。

47.（ ）检查再流焊炉导轨平行度时，只需打开炉膛制动器，即可爬进炉膛用测试板检测。

48.（ ）轨道可实现正反转。

49.（ ）选择性波峰焊只需要通压缩空气即可。

50.（ ）用选择性波峰焊焊接时，线路板的进板方向可以任意调换。

51.（ ）波峰焊和选择性波峰焊没有区别。

52.（ ）选择性波峰焊可以选用坐标编程和视觉编程。

53.（ ）再流焊炉保养时用酒精清洁整理板上的残留助焊剂后，可以马上加热再流焊炉使用。

54.（ ）再流焊炉运行时，如果采用自动运输链润滑方式，必须采用高温润滑油，每天需定期检查油杯中的油量并及时补充。

55.（ ）锡渣盒的作用：清洗烙铁头的残锡和收集残锡。

56.（ ）自动焊接机通常采用的电源是交流 220 V。

57.（ ）涂敷助焊剂有助于焊接过程。

58.（ ）自动焊接机的效率一定比手工焊接高。

59.（ ）选择性波峰焊什么都可以焊接。

60.（ ）选择性波峰焊广泛用于汽车电子、医疗、航天航空、5G。

61.（ ）贴装阻容器件也可以采用选择性波峰焊焊接。

62.（ ）选择性波峰焊比普通波峰焊节约耗材。

63.（ ）选择性波峰焊工作效率比波峰焊高。

64.（ ）制作温度曲线测试板时，要保证测试点必须可靠固定、测试过程中不能松动，焊点应尽可能大，以反映焊点的真实温度变化。

65.（ ）废弃的锡渣不能提炼锡。

66.（ ）选择波峰焊设备在生产时不能同时使用 2 个锡锅。

67.（ ）有铅锡条对人体无害。

68.（ ）选择性波峰焊设备的助焊剂相机刮花或移位，对喷涂没影响。

69.（ ）生产过程中不可以编辑程序、调试焊接参数。

70.（ ）产品进入再流炉时，相邻产品间不需要设置间距放置。

71.（ ）再流炉在生产中突遇入口卡板，可直接伸手操作。

72.（ ）未涂覆焊膏的产品可使用再流焊接。

73.（ ）为提高产量，产品运输速度设置越快越好。

74.（ ）再流炉冷却模块，温度斜率越高越好。

75.（ ）再流焊的温度曲线可以随意设定。

76.（ ）再流焊温度设定好后不用等到恒温就可以使用测温仪测试温度曲线。

77.（ ）再流炉设定温度即是产品温度。

78.（ ）再流焊温度曲线测试时，若焊接时间过长，可通过提高运输速度改善。

79.（ ）再流焊温度不需要校准就可以焊接产品。

80.（　　）再流焊运输速度一般可设定范围是 2 m/s 以上。

81.（　　）再流焊设备操作人员一定要经过培训，并经考试合格后才能上岗操作。

82.（　　）再流焊设备主要由预热模块、传输模块、焊接模块、冷却模块组成。

83.（　　）再流焊主要是用来焊接通孔（THT）元器件的。

84.（　　）新产品用再流焊接不需要测试温度曲线。

85.（　　）再流焊接制程可以分成六个主要过程，分别为：进板、升温、预热、焊接、冷却和出板。

86.（　　）再流焊的温度设定是随便设置的，只要不把产品烧坏就行。

87.（　　）为了赶产量，不用等设备指示灯绿灯亮就可以生产。

88.（　　）再流焊指示灯的表示为：黄灯——待机，绿灯——设备正常可生产，红灯——设备异常。

89.（　　）自动焊接设备调整轨道的宽度，应该使轨道的宽度比 PCB 的宽度略宽。

90.（　　）掌握温度曲线的设定及正确的测量方法是一个合格的 SMT 工程师所必须具备的专业知识。

91.（　　）再流焊炉在进行炉膛内部的维护保养时，开起的炉膛要加安全支撑杆。

92.（　　）再流焊炉的工作环境温度应该在 5 ~ 40 ℃之间，不论再流焊炉内有无工作。

93.（　　）再流焊炉工作环境相对湿度范围应在 20% ~ 95%。

94.（　　）SMT 半成品板一般都是用手直接去拿取，除非有规定才戴手套。

95.（　　）电网正常时，再流焊炉的 UPS 可以不用运行，直接利用电网供电就可以。

工作领域四　基板检修

1.（　　）AOI 的直通率就是测试后没有误判直接 PASS 的板子数量占测试总数的百分比。

2.（　　）AOI 的光源设置对检测结果有重大影响，不同的光源在同一个元件上会产生不同的灰阶值。

3.（　　）检查 PCB 板上插针时，无论插针多长都可以检测出。

4.（　　）AOI 软件可以检测任何类型的条码和二维码。

5.（　　）AOI 的检测原理是：利用光学中的光的反射原理。

6.（　　）2D AOI 与 3D AOI 不同之处是多了分光镜，CCD 数量一样。

7.（　　）AXI 既可以用于平面检测，也可用于断面探测。

8.（　　）FCT 不需要针床，通常只有两个探针安装在机械手上。

9.（　　）开路、立碑可以通过 ICT 检测，也可以通过 AOI 检测出来。

10.（　　）通过照相方式获取被检测对象图像，与标准数据对比判断缺陷和故障，是 AOI 检测的基本原理。

11.（　　）虚焊、缺锡可以通过 ICT 检测，也可以通过 AOI 检测出来。

12.（　　）掉件、损伤可以通过 ICT 检测，也可以通过 AOI 检测出来。

13.（　　）某一航空板上 QFP 引脚上锡量为 75%，判定为焊接合格。

14.（　　）BGA 设备需要定期进行温度校准和设备对位精度校准。

15.（　　）在对大于等于 40 mm × 40 mm 的 BGA 器件返修时，不需要为确保焊接温度的均匀性而进行多点温度测试。

16.（　　）在对 BGA 器件进行温度测试时，其本体的升温斜率可以高于 3 ℃/s。

17.（　　）在对 BGA 焊盘进行清锡处理时，对发现的焊盘氧化不上锡问题，可以无须处理，按照正常返修流程进行返修焊接即可。

18.（　　）PCB 在受热过程中，变形是无法避免的，只可以通过温度优化和 PCB 固定方式优化来减小形变，使其保持在可控范围内。

19.（　　）BGA 返修时，需要预先对每块所需返修的 BGA 器件进行温度测试，只有经过测试并达标的器件才能进行有针对性的返修。

20.（　　）无铅工艺的 PCB，在 BGA 器件返修时，可以使用有铅助焊膏进行焊盘涂覆焊接。

21.（　　）BGA 焊盘清理时，电烙铁不必接地，因电烙铁不会漏电。

22.（　　）使用红外设备进行 BGA 器件返修时，可以用铝箔纸对 BGA 器件周围较近的不耐高温的元器件进行隔热处理。

23.（　　）使用热风设备进行 BGA 器件返修时，可以用高温胶带对 BGA 器件周围较近的不耐高温的元器件进行挡风处理，起到隔热效果。

24.（　　）焊料未凝固前有抖动是造成线路板受扰焊点的重要原因。

25.（　　）焊点桥连会造成电气短路。

26.（　　）参考 ISO 9000:2000 标准的术语定义，返修是指为使不合格产品满足预期用途而对其所采取的措施，可影响或改变产品的某些部分。

27.（　　）热风枪螺旋形出风口比直风型好。

28.（　　）采用锡炉返修，浸锡时间通常在 20～30 s 左右。

29.（　　）焊接过程中助焊剂过少而加热时间过长会造成拉尖。

30.（　　）预热平台适合平面类模块、单板返修。

31.（　　）采用 BGA 返修站返修 BGA 器件时，模拟的是再流焊炉的温度曲线。

32.（　　）热风枪可以拆焊 SMD 贴片器件，也可以拆除 DIP 器件。

33.（　　）吸锡枪可以拆除通孔器件，同时也可以拆除 SMD 贴片器件。

34.（　　）返修过程中使用热风、红外预热 PCB，主要目的是烘干 PCB 内部的湿气，防止 PCB 板起泡分层。

35.（　　）相对于热风拆焊台，BGA 返修站设备的主要优势是返修效率高，对位精度高。

36.（　　）热风枪返修技术采用非接触式对流传导热量，可避免接触导热产生的热冲击。

37.（　　）吸锡枪返修技术适用于 THT 焊点以及焊盘平面除锡。

38.（　　）使用热风枪拆焊灌胶的集成电路需要先除胶。

39.（　　）印制线路板返修前，要根据单板和器件的潮湿敏感要求，提前烘烤或预热。

40.（　　）对 PCB 板预热主要有热风型、红外型和接触式预热，效果最好的是红外型预热。

41.（　　）吸锡枪一般在使用一周左右后需要进行一次清理。

42.（　　）单独焊点或小区域集中的少数焊点或 SOP 类焊点，有足够烙铁头和锡线操作空间时，优选电烙铁返修。

43.（　　）对于大热容量接地焊点，如铜基板，可以采用预热台返修；如果是普通单板，可以先用热风预热，再用烙铁返修。

44.（　　）对 AOI 设备进行周保养可以用酒精或清洗溶剂擦拭光源和镜头。

45.（　　）常见标准的 AOI 只可以检查长宽为 50 mm × 50 mm 以下的 PCBA 产品。

46.（　　）AOI 软件通常具有将检查结果进行统计、分析等功能。

47.（　　）OCV/OCR 算法主要用于 PCBA 上元器件文字或字符检测。

48.（　　）AOI 设备，如果用导入 CAD 坐标的方式编程，可提高编程速度。

49.（　　）市场上常用的 AOI 的工作气压为 4 ~ 8 MPa。

50.（　　）AOI 所提供的维修站软件最主要的功能是更直观、清楚地确认 AOI 的检查结果。

51.（　　）AOI SPC 数据统计功能是用于查看、确认 AOI 检测结果。

52.（　　）AOI 操作软件中，窗口属性中元件保护功能是保护所有参数不能被修改。

53.（　　）在 AOI 检测结果确认界面的元器件不良类型快捷键，可快速设定此不良的类型。

54.（　　）在 AOI 设备算法中阈值是亮暗的区间值。

55.（　　）在 AOI 算法中标记点搜索算法最主要用于检测 MARK 点。

56.（　　）PCBA 板外观检查不良项目有缺件、错件、极性错误、虚焊、立碑、偏移等。

57.（　　）IC 引脚之间的短路用桥连框来检查。

58.（　　）AOI 不仅是一套用于外观检查的机器系统，更有自己的外观检验标准，所以不必参考外观检验标准。

59.（　　）AOI 检查设备基于数字图像处理，具有精度高、速度快、无接触等优点，能够完美克服人工检查所存在的一系列不足。

60.（　　）机器视觉技术是一门涉及人工智能诸多领域的交叉学科。

工作领域五　基板装联

1.（　　）点胶机生产中更换针头后校正时需开启回吸，校正针头时针头上可以有残胶。

2.（　　）生产中，发现针头上有残胶时，不用停机，可直接用无尘布将残胶擦掉。

3.（　　）在运行过程中，针头刮弯时可将针头扶正接着生产。

4.（　　）喷射点胶机在机器待机时要打开自动排胶。

5.（　　）只要气压在点胶范围之内溢胶多少无所谓。

6.（　　）超过胶水使用寿命 2 h 以上也不会影响物料品质。

7.（　　）保养和调机时无须挂停机牌就可以开始操作。

8.（　　）自动点胶机在自动运行的生产过程中，安全门应处于锁闭状态。

9.（　　）自动点胶机长时间不使用时应当断电关气。

10.（　　）补强工艺就是对 PCBA 上的通孔插件进行硅胶补强，如对电容、电阻、扼流圈等大型的或高脚元器件的补强。

11.（　　）影响点胶稳定性的因素中温度变化对点胶效果没有直接影响，所以在点胶制程中可以忽略温度的因素。

12.（　　）湿气固化型胶水在使用过程中应当避免胶水长时间暴露在空气中，否则随着时间变化，胶水会逐步固化。

13.（　　）点胶机出胶量的大小、粗细、点胶时间、点胶速度，皆可根据生产工艺要求自由设定。自动防固化功能，能够有效防止胶水固化而堵塞针头。

14.（　　）自动点胶机适应胶水面广泛，如 UV 胶、环氧树脂、硅胶、AB 胶、黑胶、白胶、PU 胶、瞬时胶、红胶、焊膏、散热膏、聚氨脂等。

15.（　　）针头的规格：常见的针头有全塑料 TT 针头、塑料座不锈钢针头、金属针头等。根据工艺的使用场景和胶水特性的不同，可以选择不同的针头。

16.（　　）常用针头规格中，20G 不锈钢针头表示内径为 0.65 mm、外径 0.75 mm 的针头。

17.（　　）透明针筒一般用于常规普通胶水；黑色和琥珀色针筒常用于 UV 胶，可以具备一定的遮光作用。

18.（　　）无论什么胶水，在针头的种类选择时，在点胶空间足够的情况下，建议选用塑料 TT 针头。这种针头的内部阻力小，可减小针头内部阻力。

19.（　　）适配器是连接控制器和针筒之间的气路连接组件。根据胶水包装的不同，应选择不同型号的适配器，适配器和针筒安装时需要密封。

20.（　　）已知提供的十字盘头螺丝，螺丝帽直径是 ×× mm，选择的吸嘴头是 ××+0.2 mm。

21.（　　）ECS21D 标准吸嘴组件密封方式是：铜套+轴承。

22.（　　）扭矩的单位是 N·m。

23.（　　）常用的螺丝供料方式有气吸式和气吹式。

24.（　　）气吹供料防止螺丝在管道里面翻转，对螺丝的规格有一定的要求，螺丝的总长 L 与螺帽直径 D 的比例要大于 1.2。

25.（　　）所有的螺丝都可以实现自动化锁付。

26.（　　）十字螺丝批头的头型常见的有 PH00、PH0、PH1、PH2

27.（　　）对于塑料产品来说，M3 螺丝锁付扭矩范围是 5.0 N·m。

28.（　　）三步锁付包括：认帽入牙，快速旋入，低速拧紧。

29.（　　）视觉定位系统的主要作用是对偏移工件上的 Mark 点进行识别和位置修正。

30.（　　）常见螺丝锁付异常报警有浮锁和滑牙。

31.（　　）批头的选择根据螺丝槽型决定，直径由螺丝帽尺寸、吸嘴尺寸、锁付位置决定；长度由锁付深度、产品锁付落差、螺丝长度决定。

（二）单项选择题

工作领域一　装联准备

1. 以下哪一项不属于电子制造 SMT 设备工作环境？（　　）

　A. （23±5）℃　　B. 45%～70% RH　　C. 800～1 200 lx　　D. 7 kg/m^2

2. 以下哪一项不是 SMT 制造的工作环境因素？（　　）

　A. 温度　　B. 湿度　　C. 气源与水源　　D. 380 V 电源

3. 目前综合性能较好、使用面较广的无铅焊料是（　　）。

　A. Sn-Ag　　B. Sn-Cu　　C. Sn-Ag-Cu　　D. Sn-Zn

4. SMT 设备一般使用的额定气压为（　　）。

　A. 3 kg/cm^2　　B. 5 kg/cm^2　　C. 6 kg/cm^2　　D. 7 kg/cm^2

5. 请选出正确拿取 PCBA 的状态（　　）。（其中 A、B 戴了防静电手套）

A.　　　　　　　　　　B.

C.　　　　　　　　　　D.

6. 如图所示标志的含义是（　　）。

A. ESD 防护标志　　　　B. ESD 敏感标志
C. 禁止用手接触 PCB　　D. 此区域不能用手接触

7. 如图所示标志的含义是（　　）。

A. ESD 防护标志　　　　B. ESD 敏感标志
C. 禁止用手接触 PCB　　D. 此区域不能用手接触

8. 如图所示的是（　　）。

A. 电工胶带　　B. 防静电腕带
C. 导电线　　D. 包装带

9. ESD 是指（　　）。

A. 静电　　B. 过电　　C. 静电放电　　D. 漏电

10. 走过的地毯，在相对湿度为 10%～20%时产生的静电电压是（　　）。

A. 12 000 V　　B. 10 000 V　　C. 35 000 V　　D. 8 000 V

11. 防静电腕带每个工作日须测试几次？（　　）

A. 不须测试　　B. 一次　　C. 每次上班前都须测试　　D. 两次

12. 下列哪些元件属于静电敏感元件？（　　）

A. 电阻　　B. 电容　　C. 三极管及 IC　　D. 连接器

13. 通常，防静电中的环境要求静电电压的绝对值应小于（　　）。

A. 150 V　　B. 100 V　　C. 250 V　　D. 300 V

14. 负责生产设备选型、安装、调试、保养、维护、故障排查，是（　　）的职责。

A. 设备工程师　　B. 质量工程师　　C. 工艺工程师　　D. 物料员

15. 负责检测技术及质量控制，研究并提出新的 SMT 质量管理办法，是（　　）的职责。

A. 设备工程师　　B. 质量工程师　　C. 工艺工程师　　D. 物料员

16. 负责物料检验、分配、管理，记录物料管理表格，是（　　）的职责。

A. 设备工程师　　B. 质量工程师　　C. 工艺工程师　　D. 物料员

17. 制定实施 SMT 工艺规程，保证工艺过程受控，确保产品的质量和生产效率，是（　　）的职责。

A. 设备工程师　　B. 质量工程师　　C. 工艺工程师　　D. 物料员

18. 以下不属于 SMT 再流焊工艺流程的是（　　）。

A. 印刷　　B. 贴片　　C. 再流焊　　D. 波峰焊

19. 以下不属于 SMT 生产主要涉及内容的是（　　）。

A. 物料　　B. 设备　　C. 销售　　D. 管理

20. 表面组装技术的英文缩写是（　　）。

A. SMD　　B. SMC　　C. SMT　　D. THT

21. 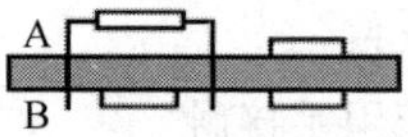 A B 的组装方式属于（　　）。

A. 单面表面组装　　B. 单面混合组装

C. 双面表面组装　　D. 双面混合组装

22. THT 技术的含义是（　　）。

A. 通孔插件技术　　B. 表面贴装技术

C. 径向插件技术　　D. 轴向插件技术

23. 操作人员上岗前，需要对防静电腕带进行测试，并要求填写（　　）。

A. 设备点检记录表　　B. 过程状态标识卡

C. 防静电腕带测试记录　　D. 工装验证检查表

24. 烧录程序等静电敏感工位需要配备（　　）。

A. 防静电腕带　　B. 离子风机

C. 防静电手套　　D. 防静电工作服

25. 在防静电中空板箱中存放半成品时，每层间要垫加（　　）隔开，较重产品叠放层数不能超过规定层数。

A. 黑色纸板　　B. 黄色纸板　　C. 防静电纸板　　D. 软纸板

26. 静电防护的核心是（　　）。

A. 静电的产生　　B. 静电的消除　　C. 静电的利用　　D. 静电的防护

27. 在相同的运动摩擦强度条件下，在下列哪一种环境下产生的静电电压最高？（　　）

A. 10%～20%环境湿度　　B. 30%～40%环境湿度

C. 50%～60%环境湿度　　D. 70%～90%环境湿度

28. ESD 防护材料的主要材质为（　　）。

A. 导体　　B. 半导体　　C. 耗散材料　　D. 绝缘体

29. 标准的人员静电防护穿着要求是什么？（　　）

A. 只穿防静电服

B. 只穿防静电鞋

C. 穿防静电服和防静电鞋，但不需进行测试

D. 穿防静电服和防静电鞋，并测试合格，接触 ESDS 器件的人员还要进行腕带测试，并测试合格

30. 防静电桌垫上应至少有（　　）个防静电腕带接头。

A. 1　　B. 2　　C. 3　　D. 4

31. 贴片电阻丝印显示 331 代表阻值为（　　）。

A. 3.3 Ω　　B. 33 Ω　　C. 330 Ω　　D. 3 300 Ω

32. 以下（　　）不是作业指导书的作用。

A. 作业指导书是质量改进的基础

B. 作业指导书是质量和安全责任事故调查的最根本文件

C. 作业指导书是定岗定员和工作分析的基础

D. 作业指导书有利于 ERP 系统管理

33. 以下（　　）不是作业指导书的内容。

A. 作业步骤　　B. 作业内容

C. 作业试题　　D. 作业注意事项

34. 以下哪一项不属于先进的管理工具（　　）。

A. 5S　　B. 看板管理　　C. 罚款　　D. 目视化管理

35. 企业发生安全事故，可以从（　　）进行安全责任事故调查。

A. ERP 系统　　B. 作业指导书　　C. 5S　　D. 生产清单

36. 钢网张力测试不正确的是（　　）。

A. 钢网测试值应大于 15 N　　B. 张力计归零，刻度回归零点

C. 钢网水平地放在工作台　　D. 测试时不可以用手按压钢网

37. 下列不属于贴片封装的是（　　）。

A. SOP　　B. SOT　　C. QFP　　D. DIP

38. 下列不属于物料编码的作用的是（　　）。

A. 有利于 ERP 系统管理　　B. 便于物料的领用

C. 提高物料管理的效率　　D. 改善生产品质

39. 下列对于物料编码操作不对的是（　　）。

A. 每一个物料编码只能定义唯一的一种物料

B. 必须严格遵守公司内部的物料编码制度

C. 差异微小，不同的物料可以共用同一物料编码

D. 避免在物料编码中使用特殊符号

40. 区分色环电阻始末端的方法不对的是（　　）。

A. 当一个色环电阻有一环为金或银色时，有金或银色的一端为末端

B. 当一个色环电阻有一色环比其他色环宽一些时，此色环另一端为末端

C. 当一个色环电阻有一色环与其他色环远一些时，此色环端为末端

D. 当一个色环电阻只有一个色环时，无始末端之分

41. 小外形晶体管封装“SOT”一般引脚小于等于（　　）。

A. 6　　B. 5　　C. 4　　D. 3

42. 片式元件“chip”英制 1206，转换成公制是（　　）。

A. 1608　　B. 2012　　C. 3216　　D. 6432

43. 编制的作业指导书要能够让操作员通过阅读对将要执行的工作内容完全、正确地理解。下列不属于作业指导书要明确回答的问题是（　　）。

A. 领导是谁　　B. 需要用到什么物料

C. 需要注意什么　　D. 需要用到什么工装

44. 作业指导书里面不应该体现的企业核心是（　　）。

A. 质量核心　　B. 品质核心　　C. 效率核心　　D. 老板核心

45. 根据物料清单我们需准备的东西不包括（　　）。

A. 程序　　B. 贴片物料　　C. 手机　　D. 工艺文件

46. 下列哪一项不属于设备工艺技术要求？（　　）

A. 节约资源，提高材料利用率　　B. 提高员工作积极性

C. 充分发挥基础技术装备能力　　D. 正常生产并取得最佳经济效果

47. 下列哪一项不属于机器生产前点检准备工作？（　　）

A. 检查机器内外部的清洁，机器四周有无杂物，如果有，及时清理

B. 检查气源、电源是否正常，气路有无泄漏，电源线有无裸露

C. 检查静电服是否穿戴整洁

D. 检查安全防护门是否在正确位置，是否有效

48. 钢网使用前操作错误的是（　　）。

A. 核对名称　　B. 检查表面有无破损

C. 测试张力　　D. 设置钢网压力

49. PCB 使用前操作不正确的是（　　）。

A. 检查张力是否达标　　B. 检查有无翘曲

C. 检查有无受潮　　D. 检查焊盘表面有无氧化

50. 电阻 4701 代表阻值是（　　）。

A. 470 Ω　　B. 4.7 kΩ　　C. 47 kΩ　　D. 470 kΩ

51. 激光打标的优势是（　　）。

A. 精细度高　　B. 材料有形变　　C. 名气高大上　　D. 以上皆是

52. 激光打标机的关键部件是（　　）。

A. 操作工　　B. 控制板卡　　C. 机架　　D. 激光器

53. PCB 板通常是什么颜色？（　　）

A. 红　　B. 蓝　　C. 绿　　D. 以上皆是

54. 视觉相机在自动化设备中的作用是（　　）。

A. 视觉定位　　B. X 光检验

C. 视觉检验　　D. 检验有无物料

55. SMT 常见之检验方法是（　　）。

A. 目视检验　　B. X 光检验

C. 机器视觉检验　　D. 以上皆是

56. 激光打标机可以应用于（　　）。

A. 体育运动　　B. 电玩娱乐　　C. 房地产　　D. 电子制造

57. CO_2激光打标机主要是加工（　　）。

A. 木头　　B. PCB　　C. 亚克力　　D. 以上皆可

58. PCB 上打标二维码的作用是（　　）。

A. 加好友　　B. 付款　　C. 物料统计　　D. 物料追溯

59. 下列哪种物品不可以用紫外激光打标？（　　）

A. 鸡腿　　B. 玻璃杯　　C. 金戒指　　D. 充电器

60. 下列哪种材料可以用 CO_2激光打标刻印？（　　）

A. 不锈钢　　B. 有机玻璃　　C. PCB　　D. 石英石

61. 激光打标系统是由（　　）组成。

A. 激光发生系统　　B. 光传输系统　　C. 光控制系统　　D. 以上皆是

62. PCB 线路板可以用（　　）加工。

A. 紫外激光　　B. 光纤激光　　C. CO_2激光　　D. 以上皆可

63. 以下哪一种材料不能用激光打标？（　　）

A. 不锈钢　　B. 金　　C. 汞　　D. 铝

64. 材料表面打标时，（　　）性能最好。

A. 激光打标　　B. 气动打标　　C. 机械雕刻　　D. 油墨喷码

65. 紫外激光在下面（　　）物品表面标刻视觉效果较好。

A. PCB　　B. IC　　C. 元器件　　D. 以上皆可

66. 以下哪一项不可以使用打标机进行标刻（　　）。

A. PCB 铜线表面　　B. 钢化玻璃　　C. 钻石　　D. 水晶

工作领域二　基板贴装

1. 电阻表面标注了 101 表示该电阻阻值是（　　）Ω。

A. 10　　B. 100　　C. 101　　D. 1 k

2. 电容表面标注了 101 表示该电容容值是（　　）F。

A. 101　　B. 100 p　　C. 100 μ　　D. 100 m

3. 图示为某电阻料盘上的标识，该电阻阻值是（　　），精度是（　　），封装是（　　）。

A. 5 kΩ, ± 1%,0603　　B. 5.6 kΩ, ± 1%,0603

C. 5.6 kΩ, ± 1%,5000　　D. 5 kΩ, ± 1%,1206

4. 图示元件的封装名称为（　　）。

A. DIP　　B. SOP　　C. SOT　　D. SOD

5. 图示元件的封装名称为（　　）。

A. DIP　　B. SOP　　C. SOT　　D. SOD

6. 图示元件的封装名称为（　　）。

A. BGA　　B. PLCC　　C. LCCC　　D. QFP

7. 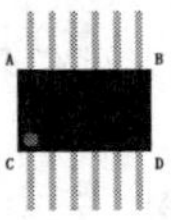 图示器件的第 1 引脚位于（　　）。

A. A　　B. B　　C. C　　D. D

8. 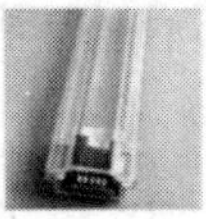 图示元器件包装方式为（　　）。

A. 编带　　B. 散装　　C. 管装　　D. 托盘

9. 塑封 SMD 当开封时发现湿度指示卡的湿度为（　　）以上时，在贴装前一定要先进行除湿烘干。

A. 20%　　B. 30%　　C. 40%　　D. 50%

10. 贴片机是沿着 SMT 生产线的第（　　）种主体设备。

A. 1　　B. 2　　C. 3　　D. 4

11. 2 万 ~ 5 万片/时的速度是以下哪种贴片机的贴装速度范畴？（　　）

A. 低速机　　B. 中速机　　C. 高速机　　D. 超高速机

12. 以下哪一项不属于贴片机按照驱动系统的分类？（　　）

A. 旋转解码 + 丝杆　　B. 线性解码 + 线性马达

C. 旋转解码 + 传送带　　D. 线性解码 + 蜗轮蜗杆

13. 正确的换料流程是（　　）。

A. 确认所换料站　装好物料上机　确认所换物料　填写换料报表　通知对料员对料

B. 确认所换料站　填写换料报表　确认所换物料　通知对料员对料　装好物料上机

C. 确认所换料站　确认所换物料　通知对料员对料　填写换料报表　装好物料上机

D. 确认所换料站　确认所换物料　装好物料上机　填写换料报表　通知对料员对料

14. 你怎样快速判定带装物料的间距？（　　）

A. 问别人　　B. 让机器先打一下

C. 用卡尺量　　D. 数料带上两颗料之间有几个孔

15.  图示贴片机的贴片头属于（　　）。

A. 动臂式　　B. 转盘式　　C. 转塔式　　D. 复合式

16.  图示为贴片机的（　　）。

A. 供料器　　B. 贴片头

C. 定位系统　　D. 基板传送系统

17. 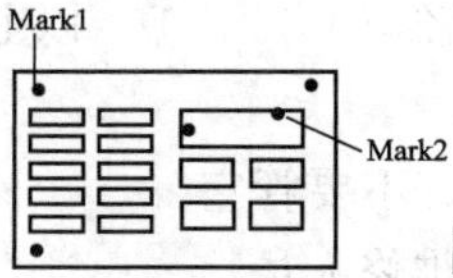 图示电路板中，Mark1 属于 PCB Mark，Mark2 属于（　　）。

A. PCB Mark　　B. 定位孔　　C. 坏板 Mark　　D. IC Mark

18. 下列哪个符号代表电阻？（　　）

A. R1　　B. D2　　C. U3　　D. C1

19. 贴片机生产时 PCB 的定位方式有（　　）。

A. 机械式定位　　B. 光学识别定位

C. 磁浮式定位　　D. A+B

20. 常见的带宽为 8 mm 的纸带料送料间距为（　　）。

A. 3 mm　　B. 4 mm　　C. 5 mm　　D. 6 mm

21. 下列组件中有极性的是（　　）。

A. 色环电阻　　B. 集成电路　　C. 独石电容　　D. 保险丝

22. LED 的极性是靠（　　）判断的。

A. 平边　　B. 缺口　　C. 长脚　　D. 以上几种

23. 下列描述不正确的是（　　）。

A. 集成电路简称 IC，也就是我们通常所说的芯片

B. IC 都是有方向的，IC 座也有方向

C. IC 一定要和 IC 座配套使用，不能直接焊到电路板上

D. IC 有直插和贴片两种

24. 手拿 IC，让管脚向外，缺口向上，则 IC 的第一号管脚是（　　）。

A. 缺口左边的第一个　　B. 缺口右边的第一个

C. 缺口左边的最后一个　　D. 缺口右边的最后一个

25. 生产中何种情况下可以使用代用料？（　　）

A. 有工艺通知　　B. 有材料清单

C. 技术人员现场指导　　D. 有代料通知单

26. 若零件包装方式为 12w8P，则计数器 PITCH 尺寸须调整每次进（　　）。

A. 4 mm　　B. 8 mm　　C. 12 mm　　D. 16 mm

27. 以下哪一项不属于进口主流贴片机的品牌？（　　）

A. Suneast　　B. Panasonic　　C. Siemens　　D. Fuji

28. 以下哪一项不属于贴片机精确定位的位移监测设备？（　　）

A. 圆光栅编码器　　B. 磁栅尺　　C. 光栅尺　　D. 光电传感器

29. 以下哪一项不属于贴片机运作原理的分类？（　　）

A. 同步拾放　　B. 顺序拾放　　C. 流水拾放　　D. 跳件拾放

30. 细间距球栅阵列（FBGA）是球间距小于（　　）焊料球封装，具有固定的封装尺寸。

A. 1.2 mm　　B. 1.25 mm　　C. 1.0 mm　　D. 0.8 mm

31. CSP（48 端子，0.75 mm 间距）比 TSOP（44 端子，0.8 mm 间距）在 PCBA 基板上的安装优势是（　　）。

A. 安装面积小　B. 安装高度低　C. 封装质量轻　D. 以上都是

32. 当发现供料器不良时应该（　　）。

A. 把供料器拆下来，放到一边　B. 只要能打，不要管它

C. 把供料器换下来，并标识送修　D. 马上通知维修人员

33. 带式供料器选用依据是（　　）。

A. 物料的宽度　B. 物料封装的步距

C. 物料封装宽度　D. 物料长度

34. 贴片机贴片元件的原则为（　　）。

A. 先贴小零件，后贴大零件　B. 先贴大零件，后贴小零件

C. 根据贴片位置随意安排　D. 以上都不是

35. 对于高可靠性要求的产品，矩形 SMT 元件焊接合格的标准是：焊端宽度的（　　）以上必须在焊盘上，不足时为不合格。

A. 1/2　B. 2/3　C. 3/4　D. 4/5

36. 保证贴装质量的三要素是（　　）。

A. 元件正确、位置准确、温度适中

B. 元件正确、焊膏选择合适、压力（贴片高度）合适

C. 元件正确、位置准确、焊膏选择合适

D. 元件正确、位置准确、压力（贴片高度）合适

37. 当元器件贴放位置有少量偏离时，在表面张力的作用下，能自动被拉回到近似目标位置。此现象称为（　　）。

A. 自平衡效应　B. 自恢复效应　C. 自校正效应　D. 自立碑效应

38. [图：A、B 两面贴装示意]的组装方式属于（　　）。

A. 单面表面组装　B. 单面混合组装

C. 双面表面组装　D. 双面混合组装

39. 常规贴片机的输入气源气压，气压在（　　）之间。

A. 0.2 ~ 0.4 MPa　B. 0.4 ~ 0.6 MPa　C. 0.6 ~ 0.8 MPa　D. 0.8 ~ 1.0 MPa

40. 按贴装速度分类，高速贴装机贴装速度一般在（　　）。

A. 10 000 片/h 以上　B. 10 000 片/h 以下

C. 36 000 片/h 以上　D. 36 000 片/h 以下

41. 操作“急停”开关时，只需顺时针方向旋转大约（　　）度后松开，按下部分就会弹起。

A. 30　B. 45　C. 60　D. 90

42. 表面贴装工程（SMA）有一重要的名词 SMT，下列说法正确的是（　　）。

A. SMT 也叫做无源表面贴装元件技术

B. SMT 是指有源表面贴装器件技术

C. SMT 是指表面贴装技术

D. SMT 是指表面贴装元器件

43. 清洁贴片机机器内部灰层或杂物，应多久进行一次？（　　）

A. 每天每班一次　B. 一周　C. 一天　D. 一个月

44. 通常 SMT 车间的标准环境温度是（　　），湿度为 30 ~ 65%RH。

A.（23 ± 5）℃　B.（28 ± 3）℃　C.（30 ± 3）℃　D.（32 ± 3）℃

45. 市面上常用的焊膏，按（　　）含量可以将其分为有铅或无铅焊膏。

A. Ag　B. Sn　C. Cu　D. Pb

46. 焊膏印刷机是通过（　　）将一定量的焊膏覆盖到 PCB 相应焊盘上的一种专用设备。

A. 自动化程序　B. 刮刀　C. 压力　D. 钢网

47. 全自动印刷机通过（　　）接口连接上下游设备。

A. USB　B. WLN　C. COM　D. SMEMA

48. 全自动印刷机的 STOP 气缸安装在（　　）上。

A. 轨道　B. CCD　C. 平台　D. Z 轴

49. 印刷程序中印刷机的进出板方向有（　　）种可供选择。

A. 1　B. 2　C. 3　D. 4

50. 印刷程序中钢网自动清洗模式有（　　）种可供选择。

A. 1　B. 2　C. 3　D. 4

51. 全自动印刷机正常生产的 PCB 厚度范围为（　　）。

A. 0 ~ 3 mm　B. 0.4 ~ 6 mm　C. 0.5 ~ 8 mm　D. 1 ~ 10 mm

52. 全自动印刷机的印刷速度范围为（　　）。

A. 0 ~ 100 mm/s　B. 50 ~ 150 mm/s　C. 100 ~ 200 mm/s　D. 0 ~ 200 mm/s

53. 印刷生产中清洗用纸已用完，但机器仍正常执行擦拭钢网动作，首先应检查生产设置内的（　　）是否已勾选。

A. 使用蜂鸣器开关　B. 门开关传感器

C. 使用转纸传感器开关　D. 使用清洗剂传感器开关

54. 当印刷机与（　　）组成闭环系统时，可以实现偏差实时补偿的功能。

A. 贴片机　B. AOI　C. SPI　D. X-RAY

55. 焊膏成分中焊料颗粒与助焊剂的重量比和体积比分别为（　　）。

A. 1∶9，1∶1　B. 9∶1，1∶1

C. 1∶9，2∶1　D. 1∶9，1∶1

56. 焊膏实际只有（　　）h 的黏性时间。

A. 2　B. 4　C. 6　D. 8

57. 以下哪个答案能更好地描述印刷工序的主流工艺过程？（　　）

A. 印膏工艺　B. 印胶工艺　C. A、B 都不是　D. A、B 都是

58. 以下哪一项形状的刮刀属于印刷机常用刮刀？（　　）

A. 超硬橡胶刮刀　B. 拖尾刮刀

C. 菱形刮刀　D. 矩形刮刀

59. 以下哪一项不属于焊膏印刷过程？（　　）

A. 刮平　B. 填充　C. 开机　D. 释放

60. 以下哪一项不会影响焊膏印刷的定位工序？（　　）

A. 基准点位置　　B. PCB 与钢网水平

C. 照相定位准确　　D. 过孔时间

61. 以下哪一项不属于印刷机的模板支撑装置？（　　）

A. 支撑柱　　B. 支撑块　　C. 支撑板　　D. 支撑弹簧

62. 钢网的开孔型式为（　　）。

A. 方形　　B. 环形　　C. 圆形　　D. 以上皆是

63. 钢网的清洁可利用（　　）熔剂清洗。

A. 异丙醇　　B. 清洁剂　　C. 水　　D. 助焊剂

64. 常用 SMT 钢板的厚度为（　　）。

A. 0.15 mm 或 0.12 mm　　B. 0.15 mm 或 0.5 mm

C. 0.8 mm 或 0.12 mm　　D. 0.15 mm 或 1.8 mm

65. 第一次印刷，放在钢网上的焊膏量，以印刷滚动时不超过刮刀高度的（　　）为宜。

A. 1/3　　B. 1/4　　C. 3/4　　D. 2/3

66. 一次印刷不合格的 PCB 板需要在印刷后（　　）分钟内清洗干净。

A. 25　　B. 30　　C. 40　　D. 60

67. 进行 PCB 和钢网对准摄像头自动寻找模板和 PCB 上的定位标记（Mark），通过 Mark 点的位置对准实现模板与基板的精确定位，是印刷机上（　　）的功能。

A. 基板夹持机构　　B. PCB 定位系统

C. 视觉系统　　D. 模板固定装置

68. 成分是 Sn63Pb37 的焊膏的熔点是（　　）。

A. 153 ℃　　B. 183 ℃　　C. 208 ℃　　D. 230 ℃

69. 以下哪一项不属于焊膏印刷机的品牌？（　　）

A. DEK　　B. MPM　　C. 海德堡　　D. EKRA

70. 全自动印刷机有（　　）个对中 CCD 相机，可观测（　　）个方向

A. 1，1　　B. 1，2　　C. 2，2　　D. 2，4

71. 设焊膏印刷机模板擦拭装置的真空吸孔直径为 a，溶剂喷孔的直径为 b，二者的大小关系（　　）。

A. $a > b$　　B. $b > a$　　C. $a = b$　　D. $a >> b$

72. 印刷好的印制板必须在（　　）小时内贴片。

A. 1.5　　B. 1　　C. 2　　D. 2.5

73. 在钢网的制作方法中，有精度高、价格昂贵等特点的制作方法是（　　）。

A. 化学腐蚀法　　B. 激光法

C. 电铸法　　D. 高分子聚合物模板

74. 钢刮刀使用次数达到（　　）万次后需换新刮刀。

A. 8　　B. 16　　C. 20　　D. 24

75. 以下不属于印刷机结构的是（　　）。

A. 刮刀系统　　B. 模板清洁系统

C. PCB 定位系统　　D. 贴装头系统

76. 以下哪一项不属于印刷机根据输入传送模式分类？（ ）

A. 单向进出 B. 双向进出 C. 双轨道双向进出 D. 弯曲进出

77. 倒装芯片的凸点材料与基板连接方式有（ ）。

A. 再流焊接 B. 导电胶固化

C. 金与金间的热压处理 D. 以上都是

78. 以下哪一项不属于印刷头移动的方向？（ ）

A. 向前 B. 向右 C. 向下 D. 向后

79. 以下哪一项不是印刷机刮刀头驱动牵引的机械装置？（ ）

A. 滑动导轨 B. 滚珠丝杆 C. 同步齿形带 D. 涡轮蜗杆传动

80. 以下哪一项是印刷新老产品时不同的工序步骤？（ ）

A. 安装刮刀 B. 添加焊膏 C. 首件印刷并检验 D. 编程序

81. 以下哪一项不属于印刷机的定位夹紧装置？（ ）

A. 边定位夹紧 B. 孔定位夹紧

C. 真空吸附定位夹紧 D. 角定位夹紧

82. 以下哪个不是印刷机的常规技术参数？（ ）

A. 单板用时 B. 冷却速度 C. 清洗方式 D. 脱模速度

83. 双面焊膏工艺时，要确保第一面焊膏的熔点比第二面焊膏的熔点高（ ）℃。

A. 0 B. 40 C. 60 D. 100

84. 刮刀范围外的焊膏应在（ ）小时内用手工方式把焊膏返回刮刀范围内。

A. 0 B. 1 C. 6 D. 10

85. 刮刀开始印刷位置要离网孔部有足够的距离，以便让焊膏充分滚动。一般焊膏在网板上滚动（ ）转，再进行印刷为宜。

A. 0 B. 1 C. 3 D. 6

86. 一般情况下，印刷模板的开口尺寸（面积）要（ ）PCB 焊盘尺寸（面积）。

A. 等于 B. 大于 C. 小于 D. 无直接关系

87. 以下哪一项不是 SMT 主体设备？（ ）

A. 焊膏印刷机 B. 接驳台 C. 再流焊炉 D. 贴片机

工作领域三 基板焊接

1. 再流焊炉中传送 PCB 进出的结构单元是（ ）。

A. 传送中央支撑 B. 支撑网 C. 传送导轨 D. 上下加热器

2. 早期汽相再流焊（VPS）炉的凝热溶剂是（ ）。

A. 碳氟化物 B. 氮氢氟化物 C. 氟氯烷化物 D. 碳氧氟化物

3. 激光再流焊采用以下哪一种激光？（ ）

A. CO_2 B. YAP C. 红光激光 D. 以上都不是

4. 以下哪一项不属于再流焊炉加热系统设计的结构件？（ ）

A. 热风马达 B. 加热管与加热板

C. 热电偶 D. 冷凝器

5. 以下哪一项冷却方式是再流焊炉的常用冷却方式？（ ）

A. 风冷 B. 油冷 C. 液氮冷却 D. 自然冷却

6. 评估再流焊炉性能优劣的最重要指标是（　　）。

A. 温度控制精度　　B. 温度不均匀性

C. 加热温区数　　D. 温度曲线可重复性

7. 通常电子制造手工焊接的时间为（　　）。

A. 越长越好　　B. 越短越好　　C. 3 ~ 5 s　　D. 2 ~ 3 min

8. 正面 PTH、反面 SMT 过锡炉时使用何种焊接方式？（　　）

A. 涌焊　　B. 平滑波　　C. 扰流双波焊　　D. 以上皆非

9. 再流焊炉元器件更换、制程条件变更是否需要重新测量炉温曲线？（　　）

A. 不需要　　B. 需要

C. 仅元器件更换需要　　D. 仅制程条件变更需要

10. 再流焊炉的 SMT 半成品于出口时（　　）。

A. 零件未黏合　　B. 零件固定于 PCB 上

C. A、B 皆是　　D. A、B 皆非

11. 蒸发焊膏中的部分水分、溶剂；元件缓慢升温，降低热冲击，属于再流焊中（　　）的作用。

A. 预热区　　B. 保温区　　C. 焊接区　　D. 冷却区

12. 熔化焊膏，使焊料沿元器件焊端或引脚爬升，实现元件与焊盘的结合，属于再流焊中（　　）的作用。

A. 预热区　　B. 保温区　　C. 焊接区　　D. 冷却区

13. 可以用来进行局部焊接的再流焊方式是（　　）。

A. 热传导再流焊　　B. 汽相再流焊

C. 红外再流焊　　D. 激光再流焊

14. 利用加热器和风扇，使再流炉腔内的气体升温并循环，PCB 组件在炽热气体加热下实现焊接，属于（　　）。

A. 热传导再流焊　　B. 汽相再流焊

C. 红外再流焊　　D. 热风再流焊

15. 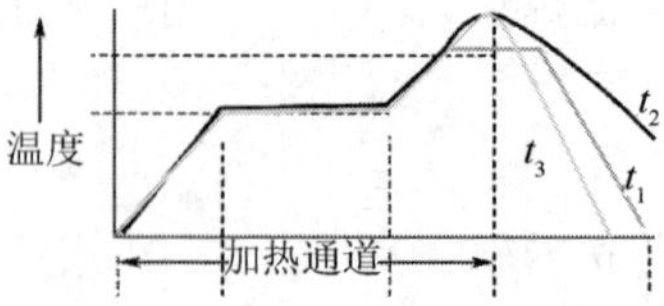 图示 t_1 为再流焊理想温度曲线，t_2 和 t_3 为不良温度曲线，其不良原因是（　　）温度设置不良。

A. 预热区　　B. 保温区　　C. 焊接区　　D. 冷却区

16. 下列不属于电磁泵特点的是（　　）。

A. 机械叶轮控制波峰　　B. 免维护

C. 每一点高度可控　　D. 精度较高

17. 下列不属于选择性波峰焊特点的是（　　）。

A. 通孔填充率高　　B. 可取代再流焊　　C. 焊点表面洁净　　D. 能耗较低

18. 下列焊接技术中用焊膏进行的 SMT 贴片焊接属于（　　）。

A. 波峰焊　　B. 再流焊　　C. 选择性波峰焊　　D. 激光焊接

19. 不属于选择性波峰焊预热类型的是（　　）。

A. 红外预热　　B. 热风预热

C. 热板接触式预热　　D. 热空气和辐射相结合

20. 选焊需要使用预热（　　）浓度的氮气。

A. 99.9%或以上　　B. 99.99%或以上

C. 99.999%或以上　　D. 99.999 9%或以上

21. 下列不属于焊接四要素的是（　　）。

A. 焊料　　B. 时间　　C. 助焊剂　　D. 母材

22. 有可能产生拉尖的原因是（　　）。

A. 助焊剂的使用　　B. 氮气的使用　　C. 温度设置太高　　D. 贴装压力大

23. 不属于能够帮助焊点快速升温的措施是（　　）。

A. 降低加热控制器功率　　B. 增大受热面积

C. 预热　　D. 增大加热控制器功率

24. 焊接工具——智能控温焊台应具备（　　）性能。

A. 外壳接地　　B. 闭环控温　　C. 烙铁头粗壮　　D. 液晶显示

25. 以下哪一项不属于再流焊焊接经过的阶段？（　　）

A. Preheating　　B. Soaking　　C. Cooling　　D. Packaging

26. 以下哪一项不属于再流焊炉的空气流通结构？（　　）

A. 垂直气流　　B. 大循环　　C. 小循环　　D. 空间气流

27. 再流焊炉焊接新产品与老产品在操作步骤上的最主要区别是（　　）。

A. 调节轨道宽度　　B. 设置参数　　C. 检验　　D. 打开氮气开关

28. SMT 产品再流焊分为四个区，按顺序哪个正确？（　　）

A. 预热区，保温区，焊接区，冷却区　　B. 预热区，升温区，焊接区，冷却区

C. 预热区，焊接区，冷却区，保温区　　D. 预热区，焊接区，保温区，冷却区

29. 普通 SMT 产品再流焊的预热区升温速度要求（　　）。

A. <1 ℃/s　　B. <5 ℃/s　　C. >2 ℃/s　　D. <3 ℃/s

30. 再流焊中焊接时焊接峰值温度持续时间不应超过（　　）。

A. 20 s　　B. 30 s　　C. 40 s　　D. 50 s

31. 使整个 PCB 板达到均衡温度，减少焊接区热冲击；激发活性剂的活性，并去除焊接表面的氧化物，属于再流焊中（　　）的作用。

A. 预热区　　B. 保温区　　C. 焊接区　　D. 冷却区

32. 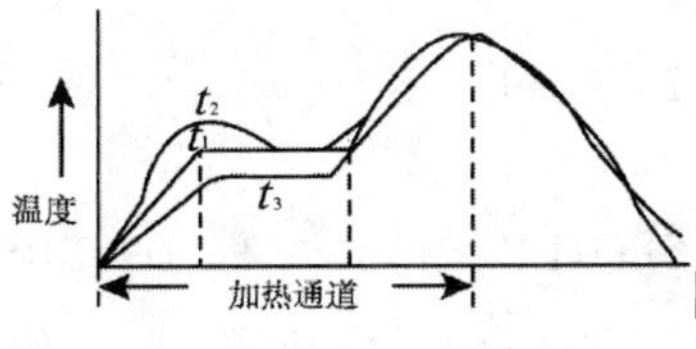 图示 t_1 为再流焊理想温度曲线，t_2 和 t_3 为不良温度曲线，其不良区域是（　　）。

A. 预热区　　B. 保温区　　C. 焊接区　　D. 冷却区

33. 能够对电路板的局部进行焊接的是（　　）。
A. 单波波峰焊　B. 紊乱波波峰焊　C. 选择性波峰焊　D. 高波波峰焊

34. 选择性波峰焊有（　　）站组成。
A. 一　B. 二　C. 三　D. 四

35. 选择性波峰焊参数中，不属于通孔填充的影响因素是（　　）。
A. 助焊剂喷涂　B. 预热温度　C. 轨道链速　D. 焊接时间

36. 选择性波峰焊焊接时一般选用温度范围是（　　）。
A. 220～240 ℃　B. 260～300 ℃　C. 350～380 ℃　D. 400～440 ℃

37. 下列不属于通孔再流焊工艺特点的是（　　）。
A. 需要的设备、材料和人员较多
B. 可以利用现有的 SMT 设备来组 THC/THD，节省成本和投资
C. 可省去一个或一个以上的热处理步骤，从而改善可焊性和电子组件的可靠性
D. 避免焊料多次熔化及产生热冲击

38. 不属于通孔阻塞所导致的焊接不良现象的是（　　）。
A. 通孔填充少　B. 气泡　C. 不润湿　D. 少锡

39. 下列不属于选择性波峰焊特点的是（　　）。
A. 通孔填充率高　B. 可取代再流焊　C. 焊点表面洁净　D. 节省焊接

40. 烙铁头尺寸 08 表示（　　）。
A. 0.8 mm　B. 8 mm　C. 0.8 cm　D. 8 cm

41. 焊料主要成分为 Sn63Pb37，是以下哪种锡丝？（　　）
A. 无铅锡丝　B. 有铅锡丝　C. 低温锡丝　D. 高温锡丝

42. 低温锡丝的熔点是（　　）。
A. 200 ℃　B. 150 ℃　C. 138 ℃　D. 130 ℃

43. 烙铁头型号 911G-30N10H20，“N”表示（　　）。
A. 烙铁头头型　B. 烙铁头组成成分　C. 烙铁头槽深　D. 烙铁头槽宽

44. 无铅锡条 SnAgCu 及 SnCu 的熔点各是多少？（　　）
A. 217/183　B. 217/221　C. 220/230　D. 217/208

45. 快克选择性波峰焊 W5050 的最大工作面积是（　　）。
A. 300 mm × 300 mm　B. 400 mm × 400 mm
C. 500 mm × 500 mm　D. 600 mm × 600 mm

46. 选择性波峰焊的单锡缸容量是（　　）。
A. 11 kg　B. 12 kg　C. 13 kg　D. 14 kg

47. 选择性波峰焊焊接喷嘴的最小直径为（　　）。
A. 1～2 mm　B. 2～4 mm　C. 2～5 mm　D. 3～6 mm

48. 世界上第一台选择性波峰焊设备的品牌是（　　）。
A. QUICK　B. NAKUM　C. SLOTEC　D. ERSA

49. 选择性波峰焊设备的常规焊接喷嘴高度是（　　）。
A. 37 mm　B. 47 mm　C. 57 mm　D. 110 mm

50. 选择性波峰焊 W5050 正常运行时的功率是（　　）。

A. 7 kW　　B. 9 kW　　C. 10 kW　　D. 11 kW

51. 快克选择性波峰焊设备所占产生的最大波峰高度为（　　）。

A. 3 mm　　B. 4 mm　　C. 5 mm　　D. 6 mm

52. 通常情况下，锡缸的维护周期是（　　）。

A. 4 h　　B. 1 d　　C. 1 周　　D. 1 月

53. 以下违反 ESD 的做法是哪一项？（　　）

A. 戴防静电手套拿主板　　B. 戴防静电腕带拿主板

C. 主板放在静电箱里　　D. 主板放在凳子上

54. PCB 板在多少度预热条件最好？（　　）

A. 140 ~ 180 ℃　　B. 90 ~ 130 ℃　　C. 40 ~ 80 ℃　　D. 180 ~ 220 ℃

55. 一般 PCB 的焊接时间为（　　）。

A. 1 ~ 3 s　　B. 3 ~ 5 s　　C. 7 ~ 10 s　　D. 11 ~ 13 s

56. 选择性波峰焊 W5050 是（　　）工位。

A. 3　　B. 4　　C. 5　　D. 6

57. W5050 设备轨道传输速度为（　　）。

A. 0.2 ~ 10 m/min　　B. 0.2 ~ 5 m/min　　C. 0.5 ~ 10 m/min　　D. 0.5 ~ 5 m/min

58. 选择性波峰焊 W4040 的最大工作面积为（　　）。

A. 300 mm × 300 mm　　B. 400 mm × 400 mm

C. 500 mm × 500 mm　　D. 600 mm × 600 mm

59. 以下为国内品牌的是（　　）。

A. 埃莎　　B. 阿波罗　　C. 彼勒豪斯　　D. 快克

60. 选择性波峰焊焊接工艺不包括（　　）。

A. 助焊剂喷涂　　B. 预热　　C. 载具清洗　　D. 焊接

61. 再流焊常规可设定最高温度是（　　）。

A. 150 ℃　　B. 200 ℃　　C. 350 ℃　　D. 450 ℃

62. 再流焊传送系统运输速度范围是（　　）。

A. 20 ~ 2 000 mm/min　　B. 20 ~ 200 mm/min

C. 20 ~ 1 000 mm/min　　D. 20 ~ 500 mm/min

63. 再流焊需要使用（　　）浓度的氮气？

A. 99.9%或以上　　B. 99.99%或以上

C. 99.999%或以上　　D. 99%或以上

64. 不属于焊锡特性的是（　　）。

A. 熔点比其他金属低　　B. 高温时流动性比其他金属好

C. 物理特性能满足焊接条件　　D. 低温时流动性比其他金属好

65. 通常用于温度曲线测试的热电偶型号是（　　）。

A. K 型　　B. S 型　　C. R 型　　D. J 型

66. 再流焊炉在以下哪种情况下可以开始生产产品？（　　）

A. 温度达到了设定值　　B. 运输达到设定值

C. 风机达到设定值　　D. 设备指示灯亮绿灯

67. 焊膏在焊接过程中起的作用是（　　）。

A. 只起固定作用　　B. 只导电

C. 既不导电也不能固定　　D. 导电且固定

68. 再流焊温度的设置方法是（　　）。

A. 每个温区设成一样　　B. 上下温区一定要设成一样

C. 升温区温度设低一些　　D. 根据产品及焊膏曲线来设定温度

69. 下面哪个不可能是固定测试线的方法？（　　）

A. 高温锡线焊接在 PCB 板上　　B. 高温胶粘在 PCB 板上

C. 用重一点的铁块压在 PCB 板上　　D. 机械固定在板上

70. 再流焊炉的 PCB 传送轨道宽度调整正确的是（　　）。

A. 与 PCB 的宽度相同　　B. 比 PCB 的宽度宽 5 mm

C. 比 PCB 的宽度宽 1.5 mm　　D. 比 PCB 的宽度宽 3 mm

71. 再流焊焊接区通常将温度设定为（　　）。

A. 比焊膏的熔点高　　B. 比焊膏的熔点低

C. 与升温区设成一样　　D. 以上都不是

72. 温度曲线的测试周期是（　　）。

A. 每种产品焊接前测试

B. 每天焊完产品后测试

C. 随便什么时候测试

D. 生产产品前，测试一次后就不用再测试了

73. 如何测试再流焊温度的稳定性？（　　）

A. 用测温仪加风温板测试风温的重复性并计算 CPK

B. 主要温度显示稳定就行

C. 主要用测温仪加测温板测试一次就可以了

D. 传输稳定就行

74. 以下哪种情况下，再流焊炉不能开启加热？（　　）

A. 传送没有打开　　B. 板数未清零

C. 宽度未调整　　D. 风机未开启

75. 再流焊的温区不能同时一起加热是因为（　　）。

A. 能耗太大　　B. 电流太大　　C. 不好控温　　D. 工艺需要

工作领域四　基板检修

1. AOI 测试系统中有一重要的名词 FOV，下列说法正确的是（　　）。

A. 一个检测程序只能有一个 FOV

B. FOV 是指相机拍取的大图

C. 一个 FOV 可以有多种光源

D. 一个检测程序可以有一个或多个 FOV

2. AOI 设备使用环境温度与相对湿度为（　　）。

A.（20 ± 10）℃/35% ~ 80%　　B.（10 ~ 35）℃/35% ~ 80%

C. （10 ~ 35）℃/30% ~ 60%　　D. （20 ± 10）℃/30% ~ 60%

3. 在维修站软件里出现不良，经人工判断后，选择通过表示（　　）。

A. 确认为少锡　　B. 确认为多锡

C. 确认为误判　　D. 确认为错件

4. AOI 检测三色光源的颜色分别是（　　）。

A. 红黄蓝　　B. 红绿蓝　　C. 黄绿蓝　　D. 黄蓝紫

5. 下班时关闭 AOI，错误的作业方法是（　　）。

A. 退出程序再从 Windows 关闭计算机　　B. 先关闭轨道电源再关闭主电源

C. 直接关闭主电源　　D. 先退出程序

6. 客户要求检测一个曲面的产品，请问选择哪种光源最合适？（　　）

A. 环形光源　　B. 同轴光源　　C. Dome 光源　　D. 条型光源

7. 以下哪一项属于 SMT 设备 CCD 摄像头的分辨率？（　　）

A. 红度分辨率　　B. 绿度分辨率

C. 蓝度分辨率　　D. 灰度分辨率

8. 以下哪台设备用于代替人眼进行自动化外观检查？（　　）

A. MVI　　B. AOI　　C. AXI　　D. ICT

9. ICT 的测试夹具又称为（　　）。

A. 工具　　B. 材料　　C. 治具　　D. 型具

10. 通过照相方式获取被检查对象的图像，通过与标准数据对比方式判断缺陷和故障，属于（　　）。

A. 人工目测　　B. AOI　　C. AXI　　D. ICT

11. 利用 X 射线能穿透物体的性能，透视检查焊点内部，属于（　　）。

A. 人工目测　　B. AOI　　C. AXI　　D. ICT

12. 对电路板的电气性能进行检测的方式属于（　　）。

A. 人工目测　　B. AOI　　C. AXI　　D. ICT

13.  图示印刷缺陷属于（　　）。

A. 缺焊膏　　B. 渗污　　C. 塌陷　　D. 偏移

14.  图示印刷缺陷属于（　　）。

A. 缺焊膏　　B. 渗污　　C. 塌陷　　D. 偏移

15. 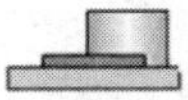 图示印刷缺陷属于（　　）。

A. 缺焊膏　　B. 渗污　　C. 塌陷　　D. 偏移

16.  图示焊接缺陷属于（　　）。

A. 锡珠　　B. 桥连　　C. 芯吸　　D. 立碑

17. 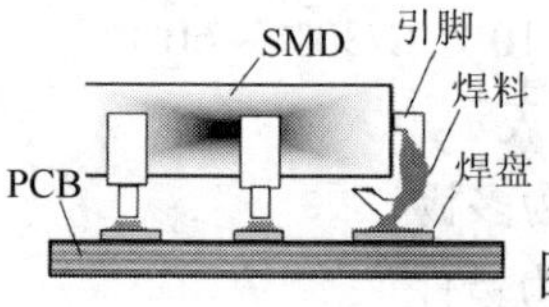 图示焸接缺陷属于（　　）。

A. 锡珠　B. 桥连　C. 芯吸　D. 立碑

18. 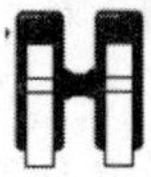 图示焊接缺陷属于（　　）。

A. 锡珠　B. 桥连　C. 芯吸　D. 立碑

19. 软钎料的熔点（　　）。

A. ≥450 ℃　B. ≥500 ℃　C. ≥217 ℃

D. ≥183 ℃　E. ≤450 ℃　F. ≤217 ℃

20. 元件焊接四步骤当中，以下说法顺序正确排列的是（　　）。

A. ①取烙铁擦干净烙铁头；②对焊盘加锡；③加锡熔化焊接；④移开锡丝和烙铁

B. ①对焊盘加锡；②取烙铁擦干净烙铁头；③加锡熔化焊接；④移开锡丝和烙铁

C. ①对焊盘加锡；②加锡熔化焊接；③移开锡丝和烙铁；④取烙铁擦干净烙铁头

D. ①取烙铁擦干净烙铁头；②加锡熔化焊接；③对焊盘加锡；④移开锡丝和烙铁

21. BGA 返修时，准备过程中，需要进行隔热防护的元器件为（　　）。

A. 贴片电容　B. 电池　C. 贴片卡槽　D. 贴片电阻

22. 现在市面上的 BGA 返修台，通过主加热方式划分，可分为哪两种类型？（　　）

A. 红外型和热风型　B. 手动型和自动型

C. 工厂型和个体维修型　D. 辐射型和电热型

23. BGA 返修时，PCB 爆板的原因不包含以下哪点？（　　）

A. PCB 湿度过高　B. 返修时加热温度过高

C. PCB 品质不良　D. 返修时，返修流程中断

24. BGA 焊接不良的原因不包含以下哪种？（　　）

A. PCB 变形

B. 焊接温度过低

C. PCB 焊盘氧化

D. 焊接辅料选用助焊膏，没有选用印刷焊膏

25. BGA 返修中，发现 PCB 变形，可采用的改善方式不包含哪种？（　　）

A. 增加固定支撑，加强机械固定力度

B. 调整加热流程参数，调整加热温度输出配比，减小温差

C. 定制 PCB 固定治具，给 PCB 充分固定和支撑

D. 焊接时，人为使用工具进行压紧

26. 焊接完成后检测 BGA 焊接成功与否和焊接品质的方法不包括（　　）。

A. X-RAY 透视　B. 红墨水浸染试样

C. 器件切片实验　D. 用眼睛看元器件外观

27. 助焊膏在 BGA 焊接中起到的作用不包含（　　）。

A. 去除焊盘和锡球表面的阻焊层　　B. 对焊锡起到活化作用

C. 增加 BGA 锡球和焊盘间的热传导　　D. 增加焊盘和锡球之间的电学性能

28. 图示印刷缺陷属于（　　）。

A. 缺焊膏　　B. 渗污　　C. 塌陷　　D. 偏移

29. 图示印刷缺陷属于（　　）。

A. 缺焊膏　　B. 渗污　　C. 拉尖　　D. 偏移

30. 以下哪张图为焊锡膏？（　　）

A.

B.

C.

D.

31. 用于印刷的焊膏变质，会使焊接出现（　　）。

A. 虚焊　　B. 短路　　C. 焊盘氧化　　D. 焊盘腐蚀

32. BGA 器件返修中 PCB 翘曲度不能超过其对角线的（　　）。

A. 0.7%　　B. 1.4%　　C. 2.1%　　D. 2.8%

33. 评估 BGA 返修设备性能优劣的最重要指标是（　　）。

A. 温度控制精度　　B. 温度不均匀性

C. 加热温区数　　D. 温度曲线重复性

34. BGA 器件返修过程中关于形变产生因素的不正确说法是（　　）。

A. 线路板固定不平整

B. 设备加热程式设置不当，产生过大的温差

C. 设备异常，导致 PCB 加热不均匀

D. 冷却区设定过长

35. 使用红外型 BGA 返修设备进行 BGA 返修时，如果器件表面为浅色反光材质时（　　）。

A. 需对器件表面进行变色处理（深色）　　B. 需调亮灯光

C. 需调暗灯光　　D. 无须做任何处理

36. BGA 返修作为开放式加热方式，以下哪种情况对设备的加热影响最大？（　　）

A. 空气流动大　　B. 环境温度低

C. 空气湿度大　　D. 工作环境封闭

37. 常规无铅制程的 BGA 器件和 PCB，焊接时耐温不超过（　　）。

A. 260 ℃　　B. 270 ℃　　C. 280 ℃　　D. 290 ℃

38. 常规无铅制程的 BGA 器件焊接时的温升斜率一般不超过（　　）。

A. 2 ℃/s　　B. 3 ℃/s　　C. 4 ℃/s　　D. 5 ℃/s

39. 常规 BGA 返修制程中，将助焊剂活化并降低 BGA 器件温差的温区，属于再流焊中的（　　）。

A. 预热区　　B. 保温区　　C. 焊接区　　D. 冷却区

40. 用热风枪拆焊 2 mm 以下的 IC 元器件，选用哪种参数设置比较合适？（　　）

A. 360 ℃；70 L/min　　B. 360 ℃；40 L/min

C. 420 ℃；40 L/min　　D. 420 ℃；70 L/min

41. 用热风枪拆焊长宽都是 30 mm 的 BGA 器件，选用哪种风嘴比较合适？（　　）

NK2280 BGA 24×24
(0.94×0.94)

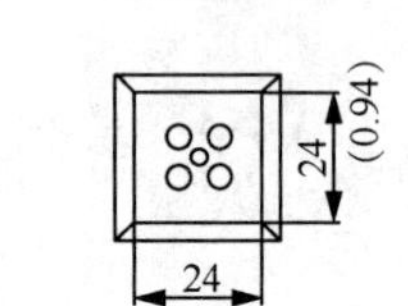

A.

NK2281 BGA 26×26
(1.02×1.02)

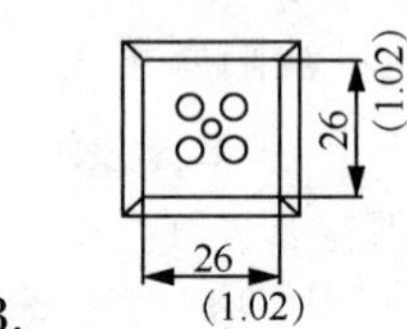

B.

NK2282 BGA 31×31
(1.22×1.22)

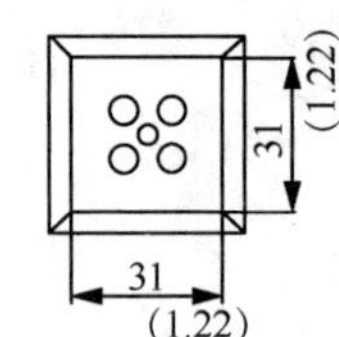

C.

NK2283 BGA 38×38
(1.5×1.5)

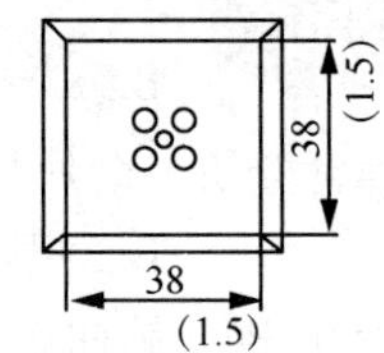

D.

42. 用热风枪拆焊长 14 mm × 宽 20 mm 的 QFP 器件，选用哪种风嘴比较合适？（　　）

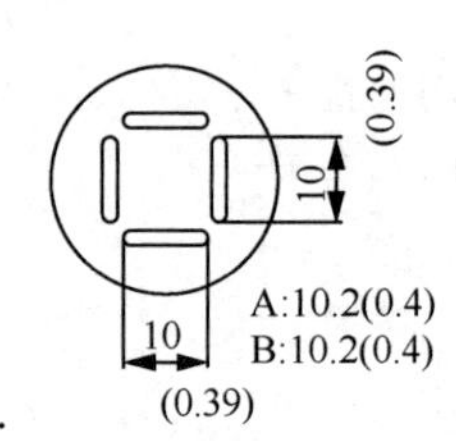

A.

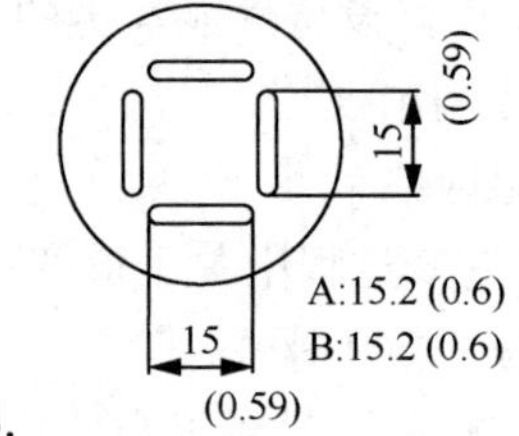

B.

19
(0.75)
A:19.2 (0.76)
B:19.2 (0.76)
19
(0.75)

C.

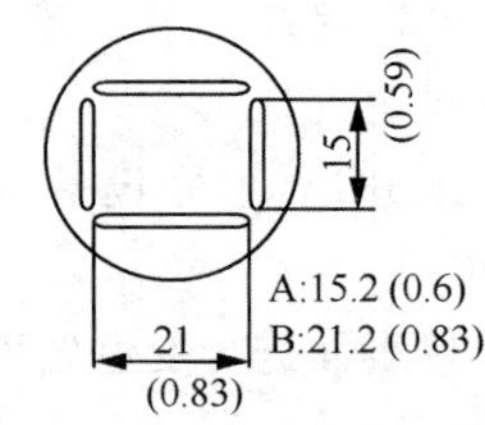

D.

43. 长 120 mm × 宽 110 mm 的线路板要实现整板预热，选用哪种型号的预热台最合适？（　　）

A. 853（热风，出风口直径 ϕ40 mm）

B. 854（红外，加热区域 130 mm × 130 mm）

C. 870（铝基板加热面积 180 mm × 200 mm）

D. 854M（红外，加热区域 350 mm × 500 mm）

44. 单独焊点、小区域焊点或底部焊点，耐温无特殊要求时，优选哪种返修方式？（　　）

A. 热风枪返修　　B. 吸锡枪返修　　C. 锡炉返修　　D. BGA 返修

45. 用锡炉拆焊有铅器件时，拆焊锡炉通常设置为（　　）。

A. 210 ~ 230 ℃　　B. 230 ~ 250 ℃　　C. 250 ~ 270 ℃　　D. 270 ~ 290 ℃

46. 对于 THT 内存条插槽最理想的返修工具是（　　）。

A. 热风枪　　B. 电烙铁　　C. 喷流锡炉　　D. 吸锡枪

47. 对于 QFP 器件最理想的返修设备是（　　）。

A. 热风枪　　B. 电烙铁　　C. 吸锡枪　　D. 预热台

48. 返修 PCB 板使用红外预热器时，建议 PCB 预热温度多少比较合适？（　　）

A. 50 ~ 80 ℃　　B. 80 ~ 120 ℃　　C. 150 ~ 200 ℃　　D. 200 ~ 250 ℃

49. 吸锡枪拆焊单层线路板上直径 1 mm 的通孔插件引脚，设置多少温度比较适宜？（　　）

A. 250 ~ 300 ℃　　B. 300 ~ 350 ℃　　C. 350 ~ 400 ℃　　D. 400 ~ 450 ℃

50. 热风枪拆焊 0603，选择哪种直径风嘴比较适合？（　　）

A. ϕ18　　B. ϕ12　　C. ϕ6　　D. ϕ2.5

51. BGA 适用下列哪种形式风嘴进行热风枪拆焊？（　　）

A. 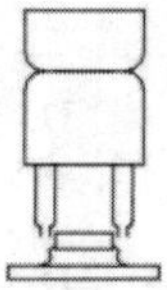　　B. 　　C. 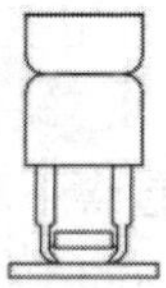　　D.

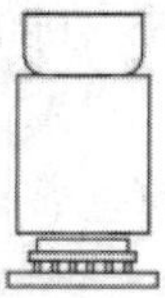

52. SOP 适用下列哪种形式非风嘴进行热风枪拆焊？（　　）

A. 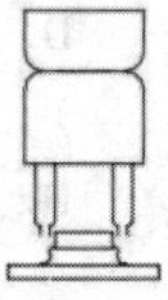　　B. 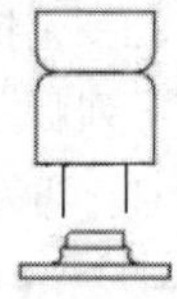　　C. 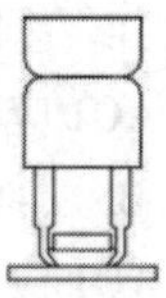　　D.

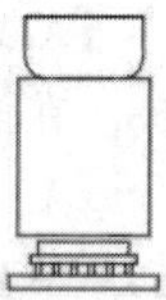

53. SOJ 适用下列哪种形式非风嘴进行热风枪拆焊？（　　）

A. 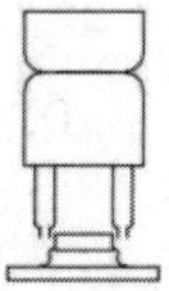　　B. 　　C. 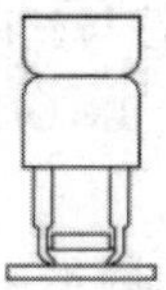　　D.

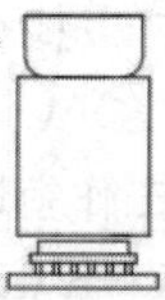

54. 通孔类焊点，如果是单独 1 个或小范围普通焊点，优选（　　）。

A. 热风枪返修　　B. 吸锡枪返修　　C. 锡炉返修　　D. 烙铁返修

55. 引线直径 1.0 mm 的插件用吸锡枪拆焊，选用那种吸嘴比较合适（　　）。

A. 1004(内径 ϕ0.8 mm)　　B. A1005(内径 ϕ1.0 mm)

C. A1006(内径 ϕ1.3 mm)　　D. A1007(内径 ϕ2.0 mm)

56. 对热风枪进行温度校准，设定温度是 350 ℃，温度测试仪温度是 330 ℃，需要拆焊温度是 380℃，需要将温度改成多少？（　　）

A. 350 ℃　　B. 320 ℃　　C. 330 ℃　　D. 380 ℃

57. AOI 主要组成系统不包含下列哪一项？（　　）

A. 运动电机　　B. 数字相机　　C. 净烟仪　　D. 镜头

58. 普通 0402 电容不需要检测（　　）不良。

A. 少锡　　B. 缺件　　C. 翻件　　D. 偏移

59. AOI 用于再流焊，未焊接之前不需要检测（　　）类型的不良。

A. 翻件　　B. 锡少　　C. 错件　　D. 偏移

60. 以下选项中，（　　）不良不是外观不良。
A. 不通电　B. 缺件　C. 反向　D. 连锡

61. AOI 使用在插件线体，下列说法错误的是（　　）。
A. 波峰焊前　B. 波峰焊后　C. 人工插件前　D. 终检

62. 常见的焊点不良不包括（　　）不良。
A. 空焊　B. 锡多　C. 锡洞　D. 损件

63. 常见的 AOI 不能检测哪种 PCBA 尺寸？（　　）
A. 100 mm × 100 mm　B. 200 mm × 100 mm
C. 400 mm × 350 mm　D. 50 mm × 30 mm

64. 编辑 AOI 程序对 PCBA 板正反两面进行区分，用字母（　　）表示。
A. B/H　B. B/T　C. H/B　D. H/L

65. 0603 普通电阻检查时不用下列哪种检查？（　　）
A. 错件　B. 缺件　C. 偏移　D. 极性相反

66. 常见焊点不良类型不包含下列哪一种？（　　）
A. 错件　B. 连锡　C. 空焊　D. 少锡

67. 使用 AOI 检查的优点不包含下列哪一项？（　　）
A. 精度高　B. 速度快　C. 无接触　D. 省电

68. 在 SMT 生产线体中，AOI 应用场景不包含下列哪一项检查？（　　）
A. 印刷机前　B. 再流焊前　C. 再流焊后　D. 贴片机后

69. 下列哪种不良不能用 AOI 检查检查出来？（　　）
A. 少锡　B. 连锡　C. 偏移　D. 功能不良

70. 检查 PCBA 上文字字符与丝印常用的算法是（　　）。
A. 颜色抽取　B. OCV/OCR　C. 亮度抽取　D. 模板匹配

工作领域五　基板装联

1. 影响点涂胶量精度的原因不包括哪一项？（　　）
A. 针头　B. 温度　C. 治具　D. 气压

2. 如果客户选用针筒点胶，需配置什么控制器？（　　）
A. 胶阀控制器　B. 喷射阀控制器
C. 蠕动点胶控制器　D. 点胶控制器

3. 如果客户选用卡式胶筒点胶，需配置什么控制器？（　　）
A. 胶阀控制器　B. 喷射阀控制器
C. 蠕动点胶控制器　D. 点胶控制器

4. 以下哪个阀可以用于点瞬间胶水的配置？（　　）
A. 顶针阀　B. 回吸阀　C. 螺杆阀　D. 蠕动泵

5. 以下哪种阀可以用于厌氧胶、瞬间胶、螺丝胶的工艺运用？（　　）
A. 大流体柱塞阀　B. 螺杆阀　C. 喷射阀　D. 隔膜阀

6. 以下哪种阀可以用于热熔胶的工艺？（　　）
A. 撞针阀　B. 螺杆阀
C. 喷射阀　D. 大流体柱塞阀

7. 客户需要在平面实现点胶工艺，一般配置什么样的平台机？（　　）

A. 三轴　B. 四轴　C. 五轴　D. 六轴

8. PCBA 补强工艺采用点硅胶应用，如果是 3D 点胶时采用哪类机型比较适合？（　　）

A. 三轴　B. 直角坐标　C. 五轴　D. 以上都可以

9. 在自动点胶工艺中，针头距离点胶工件表面的高度一般为（　　）。

A. 2 倍　B. 0.5 ~ 2 倍　C. 0.3 ~ 1 倍　D. 以上都可以

10. 在自动点胶工艺中，采用非接触式喷射点胶。为保证胶点不散点，距离点胶面距离应控制在（　　）。

A. 10 mm　B. 2 ~ 5 mm　C. 5 mm 以内　D. 以上都可以

11. 某客户现场需要一台点胶设备解决产品本身误差以及点胶精度问题，建议配置是（　　）。

A. 三轴点胶平台+配置针筒点胶

B. 三轴点胶平台+胶阀点胶

C. 三轴点胶平台+视觉引导的多功能编程软件

D. 以上都可以

12. 以下哪个配件或材料与点胶工艺无关？（　　）

A. 点胶阀　B. 针筒　C. 焊膏　D. 锡丝

13. 点胶针头内径大小一般选择胶点的（　　）。

A. 4 倍　B. 1 倍　C. 二分之一　D. 四分之一

14. 自动点胶设备的组成中不包括（　　）。

A. 三轴平台　B. 点胶阀　C. PCBA 线路板　D. 点胶控制器

15. 已知一款 M3 的自攻螺丝扭矩是 0.5 N・m，换算成 kgf・cm 值是（　　）。

A. 0.05　B. 0.5　C. 5　D. 50

16. 常用的针头长度尺寸是（　　）。

A. 1/2 in　B. 10 mm　C. 15 mm　D. 8 mm

17. 常用点胶针头的类型不包括（　　）。

A. TT 塑料针头　B. 陶瓷针头　C. 特氟龙针头　D. 金属针头

18. 针头内径尺寸的表示单位是（　　）。

A. mm　B. cm　C. G　D. in

19. 自动点胶机的三轴平台一般是指哪三个轴？（　　）

A. XYZ　B. XYR　C. ABC　D. UVW

20. UV 胶点胶时，针筒需要一定的避光性，不建议采用（　　）针筒。

A. 琥珀色　B. 黑色　C. 透明　D. 橙色

21. 下列针头类型中，哪种针头的流动阻力最小？（　　）

A. 金属针头　B. 特氟龙针头

C. TT 塑料针头　D. 塑料座不锈钢针头

22. 点胶作业编辑时，不包含以下哪种插补形式？（　　）

A. 孤立点　B. 圆弧　C. #字型　D. 圆形

23. 点胶针头选择时，以下哪条不符合点胶品质要求？（　　）
A. 针头内壁光滑，无毛刺　　B. 针管头部有锐化角度处理
C. 针管高于针座表面　　D. 针头内径误差小于 5 %

24. 自动点胶工艺参数不包含以下哪一项？（　　）
A. 图形速度　　B. 开料延时　　C. 关料距离　　D. 胶阀型号

25. 点胶的胶阀种类不包含（　　）。
A. 压电阀　　B. 球阀　　C. 螺杆阀　　D. 回吸阀

26. 以下哪种类型的螺丝不适合自动化锁付？（　　）
A. 十字螺丝　　B. 一字螺丝　　C. 外六角螺丝　　D. 内梅花螺丝

27. 常用真空压力表用来检测螺丝是否吸着到位，用到了什么模式检测？（　　）
A. 简易模式　　B. 窗型模式　　C. 比较模式　　D. 峰值模式

28. 常规机械式电批，扭矩与调节刻度成什么比例（　　）？
A. 正比　　B. 反比　　C. 递增　　D. 递减

29. 以下哪个不是常用的国际扭矩单位（　　）？
A. N·m　　B. kgf·cm　　C. MPA　　D. N·cm

30. 以下哪个不是常用的锁付专业名词？（　　）
A. 目标角度　　B. 目标扭矩　　C. 扭矩上限　　D. 压力上限

31. 使用 ECS63C 扭矩测试仪校准扭矩时，最终显示的数值是什么模式下的力矩？（　　）
A. 平均值　　B. 实时值　　C. 峰值　　D. 差值

32. 以下哪个不是 ECS65 气吸供料机的参数？（　　）
A. 震动幅度　　B. 震动延时　　C. 计数模式　　D. 吸附延时

33. 以下哪个不是常用的螺丝筛选供料方式？（　　）
A. 滚筒供料　　B. 阶梯上料　　C. 震动盘上料　　D. 输送线上料

34. 普通电批判断滑牙是通过哪个参数判断？（　　）
A. 吸附延时　　B. 锁前延时
C. 最短锁付时间　　D. 最长锁付时间

35. 批头的规格是 5.00×150×4.00×30×PH1，那么批头总长是（　　）。
A. 150　　B. 5.00　　C. 4.00　　D. 30

36. ECS65 供料机适合以下哪个规格范围内的螺丝？（　　）
A. M1.0～M5.0，长度≤15 mm　　B. M1.0～M5.0,长度≤20 mm
C. M1.0～M5.0,长度≤10 mm　　D. M1.0～M5.0，长度≤10 mm

37. 在面阵列封装器件底部填充胶水时，需要对 PCB 板进行预热，预热温度一般要求为（　　）。
A. 80 ℃　　B. 40±2 ℃　　C. 60 ℃　　D. 0 ℃

38. 点胶针头的好坏与下列哪一项无关？（　　）
A. 毛边处理　　B. 内壁光滑度　　C. 针头长度　　D. 针头同心度

39. 针筒点胶时有溢胶现象，不可能导致这种状况的因素是（　　）。

A. 回吸未开　　B. 针筒太大

C. 胶水内有气泡　　D. 针头内有气泡

40. 点胶简易法则中，哪一项不正确？（　　）

A. 小胶点——小针头，低压力，短的时间间隔

B. 大胶点——大针头，高压力，长的时间间隔

C. 黏稠流体——斜式针头，高压力，足够的时间

D. 水性流体——小针头，低压力，短的时间

41. 以下哪一项不可以使用点胶机进行点胶？（　　）

A. FC、CSP 充填　　B. COB bonding

C. 元件返修　　D. 测试点固定

42. 以下哪一项不属于点胶机常用的注射泵？（　　）

A. 时间压力泵　　B. 点射泵

C. 喷射泵　　D. 阿基米德螺旋泵

（三）多项选择题

工作领域一　装联准备

1. SMT 工厂环境条件要求（　　）。

A. 温度（23±5）℃

B. 相对湿度 60% RH

C. 电源电压单相 AC 220 V×（1±10%），AC 380 V，50/60 Hz

D. 有静电防护要求

2. 对 SMT 生产环境的基本要求有（　　）。

A. 工作间保持清洁卫生，无尘土，无腐蚀性气体

B. 温度以（23±2）℃为最佳，一般为（18～28）℃，极限温度为（15～35）℃

C. 相对湿度应该控制在 45%~70%范围以内

D. 环境噪音应控制在 70 dB 以内

3. 以下为 5S 的内涵的是（　　）。

A. 整理　　B. 整顿　　C. 清扫　　D. 清洁

4. 以下哪些属于静电防护地面材料？（　　）

A. PVC 防静电架空层　　B. 防静电水磨石

C. 防静电地毯　　D. 防静电地坪

5. 电子产品静电损害的特点有（　　）。

A. 隐蔽性　　B. 失效后分析的复杂性

C. 损伤具有潜在性　　D. 损伤的随机性

6. 静电危害主要包括（　　）。

A. 硬击穿　　B. 软击穿　　C. 静电吸附灰尘　　D. 静电噪声

7. 元器件需要从（　　）过程中进行静电防护。

A. 组装　B. 运输　C. 使用　D. 存储

8. 操作现场环境方面的静电防护措施包括（　　）。

A. 离子风机　B. 防静电工作台

C. 防静电地板　D. 防静电腕带

9. 人体防静电措施包括（　　）。

A. 防静电工作服　B. 防静电腕带　C. 防静电鞋　D. 防静电帽

10. SMT 主要涉及的内容包含（　　）。

A. 物料　B. 设备　C. 工艺　D. 管理

11. 以下属于 SMT 再流焊工艺流程的是（　　）。

A. 印刷　B. 贴片　C. 再流焊　D. 波峰焊

12. 以下是 SMT 生产过程中需要配备的人员是（　　）。

A. 设备工程师　B. 质量工程师　C. 工艺工程师　D. 物料员

13. 以下哪些属于 SMT 辅助设备？（　　）

A. 温度曲线测试仪　B. PCB 分板机

C. 焊膏搅拌机　D. 零件计数器

14. 以下哪些属于 SMT 生产辅助设备？（　　）

A. SMD 零件计数器　B. 焊膏搅拌机　C. 钢网清洗机　D. 接驳台

15. 在 SMT 专用设备中，贴片机是最能体现机电技术、电子技术等知识融合利用的设备。目前世界上主流的贴片机品牌有（　　）。

A. Fuji　B. DEK　C. ASM　D. UNIVERSAL

16. 以下哪些属于焊膏成功印刷的主要关键要素？（　　）

A. 焊膏滚动　B. 焊膏填充充足

C. 顺利脱模　D. 印刷机精度高

17. 以下哪些属于印刷机的主要组成部分？（　　）

A. 模板固定与调节系统　B. 模板擦拭系统

C. 料架车放置　D. PCB 传送与支撑系统

18. 以下哪些选项属于印刷机的技术参数？（　　）

A. 刮刀压力　B. PCB 适用尺寸　C. 印刷周期　D. 清洗方式

19. SMT 特点主要包含（　　）。

A. 组装密度高　B. 高频特性好

C. 可靠性好　D. 成本比 THT 低

20. 良好的贴片胶的特征包括（　　）。

A. 固化强度　B. 一致性　C. 高的胶点轮廓　D. 抗溶剂性

21. 以下哪些途径会产生静电？（　　）

A. 接触分离起电　B. 摩擦起电

C. 感应起电　D. 压电起电和断裂起电

22. 静电对电子产品的损害形式有（　　）。

A. 吸尘　B. 放电破坏

C. 放电产生热　　D. 放电产生电磁场（电磁干扰）

23. 静电对电子产品产生损害的四个特点是（　　）。

A. 隐藏性　　B. 潜在性　　C. 随机性　　D. 复杂性

24. 哪些相对湿度可以有助于静电泄漏？（　　）

A. 10%　　B. 40%　　C. 70%　　D. 85%

25. 作业指导书的作用是（　　）。

A. 作业指导书是质量改进的基础

B. 作业指导书是质量和安全责任事故调查的最根本文件

C. 作业指导书是定岗定员和工作分析的基础

D. 作业指导书有利于 ERP 系统管理

26. 作业指导书的内容包含（　　）。

A. 作业步骤　　B. 作业内容　　C. 作业试题　　D. 领导指示

27. 先进的管理工具包括（　　）。

A. 5S　　B. 看板管理　　C. 生产线平衡　　D. 目视化管理

28. 根据物料清单，我们需准备（　　）。

A. 洗板水　　B. 贴片物料　　C. 手机　　D. 工艺文件

29. PCB 使用前操作正确的是（　　）。

A. 检查张力是否达标　　B. 检查有无翘曲

C. 检查有无受潮　　D. 检查焊盘表面有无氧化

30. 区分色环电阻始末端的方法正确的是（　　）。

A. 当一个色环电阻有一环为金或银色时，有金或银色的一端为末端

B. 当一个色环电阻有一色环比其他色环宽一些时，此色环另一端为末端

C. 当一个色环电阻有一色环与其他色环远一些时，此色环端为末端

D. 当一个色环电阻只有一个色环时，也要区分首末端

31. 下列对于物料编码操作正确的是（　　）。

A. 每一个物料编码只能定义唯一的一种物料

B. 必须严格遵守公司内部的物料代码制度

C. 差异微小、不同的物料可以共用同一物料编码

D. 避免在物料编码中使用特殊符号

32. 下列属于物料编码的作用的是（　　）。

A. 有利于 ERP 系统管理　　B. 便于物料的领用

C. 提高物料管理的效率　　D. 改善生产品质

33. 钢网张力测试正确的是（　　）。

A. 钢网测试值应大于 15 N　　B. 张力计归零，刻度回归零点

C. 钢网水平地放在工作台　　D. 测试时可以用手按压钢网

34. 下列属于机器生产前点检准备工作的是（　　）。

A. 检查机器内外部的清洁，机器四周有无杂物，如果有，及时清理

B. 检查气源、电源是否正常，气路有无泄漏，电源线有无裸露

C. 检查静电服是否穿戴整齐

D. 检查安全防护门是否在正确位置，是否有效

工作领域二　基板贴装

1. 以下哪些属于贴片机贴装头不能拾取元件的故障原因？（　　）

A. 吸嘴磨损老化　　B. 吸嘴内有污染物堵塞

C. 元器件表面平整度低　　D. PCB 传送皮带松

2. 以下哪些属于贴片机贴装掉件的故障原因？（　　）

A. 吸取阈值设置错误　　B. 振动供料器滑道变形

C. 编带供料器卷带太紧　　D. 吸嘴、元件或供料器选择不正确

3. 以下哪些属于贴片机贴装位置偏离坐标位置的故障原因？（　　）

A. 贴片程序错误　　B. 元器件厚度设置错误

C. 贴装头高度太高　　D. 贴装速度太慢

4. SMT 零件供料方式有（　　）。

A. 振动式供料器　　B. 静止式供料器

C. 盘状供料器　　D. 带式供料器

5. 贴片头吸料后的定位方式有（　　）。

A. 机械式孔定位　　B. 光学对位

C. 中心校正对位　　D. 磁浮式定位

6. 我们对贴片机的要求有（　　）。

A. 确定的元器件来源位置

B. 合适的元器件拾取和释放方式

C. 元器件在 PCB 指定位置上的精确定位

D. 元器件在 PCB 指定位置上的可靠粘接和固定

7. 贴片机按速度可分为（　　）。

A. 低速机　　B. 中速机　　C. 高速机　　D. 超高速机

8. 贴片机按贴装方式分为（　　）。

A. 顺序式　　B. 同时式　　C. 同时在线式　　D. 超高速机

9. 保证贴装质量的要素有（　　）。

A. 元件正确　　B. 位置准确　　C. 压力合适　　D. 速度合适

10. 贴片机编程内容包括（　　）。

A. PCB 板数据　　B. 贴片数据　　C. 元器件数据　　D. 吸取数据

11. 盘式料由操作员上线前自行备料，在此过程中应检查（　　）。

A. 包装中有无干燥剂　　B. 逐个检查物料的方向

C. 料盘中物料的数量　　D. 物料的引脚有无变形

12. 在带式包装中，因物料的大小及包装盘的大小，一般其容量（　　）。

A. 对于 CHIP 元件为 3 000 ~ 5 000　　B. 对于 SOT23 元件为 3 000

C. 对于 SOT89 元件为 1 000　　D. 对于 MELF 元件为 1 500

13. 下列对盘式供料特点描述正确的是（　　）。

A. 供体形较大或引脚较易损坏的元件使用

B. 可供烘烤除湿使用

C. 高度和平面需要注意

D. 需要操作工逐个添料，元件方位和质量受人的因素影响

14. 多功能贴片机的元件识别方式有（　　）。

A. 激光识别　　B. 视觉识别　　C. 目视识别　　D. 旋转识别

15. 贴片机编程优化的主要任务是（　　）。

A. 送料器设计优化　　B. 吸取贴片顺序优化

C. 贴片点数及时间平衡优化　　D. 减少贴片偏移

16. 贴片机换料时，料应满足（　　）等要求。

A. 同一公司　　B. 同一元件名称

C. 同一型号、大小　　D. 同一精度

17. 带式包装方式，目前市面上使用的种类主要有（　　）。

A. 纸带　　B. 塑料带　　C. 背胶包装带　　D. 金属带

18. 下面哪些不良可能发生在贴片段？（　　）

A. 侧立　　B. 少锡　　C. 缺件　　D. 多件

19. 以下哪些控制方式属于贴片机的主流控制方式？（　　）

A. 硬件控制　　B. 软件控制　　C. 机械控制　　D. 液压控制

20. 以下哪些属于贴片机的主要技术参数？（　　）

A. 元件尺寸　　B. 贴片速度　　C. 贴片精度　　D. 编程能力

21. 高速机可贴装（　　）。

A. 电阻　　B. 电容　　C. 少引脚 IC　　D. 晶体管

22. 以下哪些是贴片机常用的保养周期？（　　）

A. 1 d　　B. 3 d　　C. 7 d　　D. 30 d

23. 以下属于贴装工艺要求的是（　　）。

A. 元器件的类型、型号等要符合要求

B. 贴装好的元器件完好无损

C. 元器件的焊端或者引脚至少 1/2 浸入焊膏

D. 元器件焊端或引脚和焊盘居中对齐

24. SMT 贴片工艺流程有（　　）。

A. 双面 SMT　　B. 一面 SMT、一面 PTH

C. 单面 SMT+PTH　　D. 双面 SMT、单面 PTH

25. 贴片机按贴装头类型分为（　　）。

A. 平行贴装　　B. 拱架式　　C. 转塔式　　D. 模组式

26. 贴片机的精度是指（　　）。

A. 定位精度　　B. 分辨率　　C. 重复精度　　D. 拾取精度

27. 贴片工序常见的缺陷为（　　）。

A. 贴片偏移　　B. 贴片少件

C. 贴片侧面贴装　　D. 底部朝上贴装

28. 印制电路板上元器放置通常顺序是（　　）。

A. 放置与结构有紧密配合的固定位置的元器件，如电源插座、指示灯、开关、连接

件之类，这些器件放置后用软件的 LOCK 功能将其锁定，使之不能被误移动

B. 放置线路上的特殊元件和大的元器件，如发热元件、变压器、IC 等

C. 放置小器件

D. 随便放

29. 集成电路的封装按材料分为（　　）。

A. 金属　　B. 陶瓷　　C. 塑料　　D. 纸质

30. 贴装设备应具备的基本特征有（　　）。

A. 技术能力强　　B. 可操作性好、工作稳定可靠

C. 产出高　　D. 柔性好

31. 贴片机完成一个贴片动作的三个步骤分别为（　　）。

A. 吸取物料　　B. 识别物料　　C. 运输物料　　D. 物料贴片

32. 下列哪些情况下操作人员应该按下“急停”按钮，保护现场后立即通知当线工程师或技术员处理？（　　）

A. 贴片机死机　　B. 运输模块突然卡电路板

C. 贴片机皮带异常脱落　　D. 机器运行正常

33. 贴片操作人员使用供料器时应该注意的事项有（　　）。

A. 摆放时要轻拿轻放，严禁堆叠放置

B. 运输时避免与硬物相撞，严禁跌落

C. 往贴片机上安装不顺畅时，不要用力安装，应该查明原因再安装

D. 从送料器上往下拆料时动作要轻，严禁野蛮操作

34. 元件的定位方式有（　　）等方式。

A. 机械定位　　B. 人工定位

C. 传感器定位　　D. 视觉飞行校正定位

35. 以下属于贴片工序涉及的关键参数、部件的是（　　）。

A. 物料高度　　B. 吸嘴型号

C. 物料尺寸　　D. 物料尺寸公差

36. 贴片机按结构特点分类有哪些？（　　）

A. 转塔型　　B. 拱架型

C. 平行贴装结构　　D. 龙门架结构

37. 常规贴片机的主要特点有（　　）。

A. 采用视觉定位，工控计算机控制系统

B. 多项声光报警功能，并有报警原因提示，便于故障查找及处理

C. 可使用标准电动送料器，通用性强

D. 可根据 PCB 宽度自动调宽

38. 常规贴片机的主要构成有（　　）。

A. 机架模块　　B. 头部模块

C. 运输模块　　D. 电箱模块

39. 启停控制板上主要有哪些控制按键？（　　）

A. 启动按钮　　B. 暂停按钮

C. 复位按钮　　D. 灯按钮

40. 焊膏印刷作业需要（　　）。

A. 刮刀　　B. 油墨

C. 钢网　　D. 支撑 PCB 的治具

41. 通过机器视觉，工作台自动调节（　　）方向的偏差，精确实现印刷模板与 PCB 板的对准。

A. X　　B. Y　　C. Z　　D. θ

42. 以下关于焊膏的回温方法不正确的有（　　）。

A. 室温　　B. 加热　　C. 搅拌　　D. 打开盖子

43. 钢网的检查项目包括（　　）。

A. 张力　　B. 厚度

C. 是否变形　　D. 使用次数记录

44. 关于印刷机清洗液正确的表述有（　　）。

A. 清洗液通常为丙酮或洗板水

B. 使用过的清洗剂可直接倒入再次使用

C. 清洗液可以刚好加满酒精壶

D. 清洗液不足时软件会有相关报警

45. 全自动印刷机能识别以下哪种类型的 Mark 点？（　　）

A. ●　　B. ■　　C. ▲　　D. ✚

46. 以下哪种气压值可以让印刷机正常运行？（　　）

A. 0.2 MPa　　B. 0.35 MPa　　C. 0.4 MPa　　D. 0.45 MPa

47. 以下属于印刷不良的有（　　）。

A. 拉尖　　B. 错件　　C. 连锡　　D. 塌陷

48. 印刷机的 CCD 部分，可以实现（　　）方向的移动。

A. X　　B. Y　　C. Z　　D. θ

49. 以下哪些属于刮刀的规格参数？（　　）

A. 长度　　B. 角度　　C. 高度　　D. 温度

50. 钢网的制造工艺有（　　）。

A. 激光切割　　B. 化学腐蚀　　C. 电铸　　D. 车床

51. 常见的无铅焊料有（　　）。

A. Sn-Ag 系焊料　　B. Sn-Zn 系焊料

C. Sn-Pb 系焊料　　D. Sn-Bi 系焊料

52. 焊膏在使用前，须经过的两个重要过程是（　　）和（　　）。

A. 回温　　B. 搅拌　　C. 加热　　D. 冷却

53. 焊膏的保存方法是（　　）。

A. 焊膏的保管要控制在 2 ~ 10 ℃的环境下

B. 焊膏未开封的使用期限为 6 个月

C. 不可放置于阳光照射处

D. 未开封时可常温保存

54. 影响焊膏印刷质量的因素主要有（　　）。

A. 刮刀速度　　B. 刮刀压力　　C. 刮刀角度　　D. 清洗剂

55. 焊膏印刷机的种类有（　　）。

A. 手印钢板台　　B. 半自动焊膏印刷机

C. 全自动焊膏印刷机　　D. 视觉印刷机

56. 印刷机刮刀的操作要素有（　　）。

A. 压力　　B. 速度　　C. 方向　　D. 角度

57. 影响焊膏印刷质量的主要因素是（　　）。

A. 钢网质量　　B. 焊膏质量　　C. 印刷工艺参数设置　　D. 设备精度

58. 焊膏印刷中的关键要素是（　　）。

A. 焊膏　　B. 模板　　C. 刮刀　　D. 基板

59. 钢板常见的制作方法为（　　）。

A. 机械切割　　B. 激光切割　　C. 电铸成型　　D. 化学腐蚀

60. 在电子焊接工作中，客户多选用“63／37”的焊锡。“63／37”的意义是（　　）。

A. 是锡焊料的一种标号

B. 该种焊料铅和锡的比例是 63 比 37

C. 该种合金中锡约占 63%左右

D. 该种合金中铅约占 63%左右

61. 常用的 Mark 点的形状有（　　）。

A. 圆形　　B. 椭圆形　　C. “十”字形　　D. 正方形

62. PCB 的 Mark 点设计规范应满足（　　）。

A. 最小直径为 1.0 mm

B. Mark 点边缘距板边距离≥3 mm

C. 最大直径是 3.0 mm

D. 在半径为 R 的 Mark 点周围空旷区圆半径 r 满足：r≥2R

63. 印刷、贴装时，需要加顶针支撑的基板有（　　）。

A. 薄板　　B. 拼版　　C. 金属板　　D. 普通印制板

64. SMT 设备 PCB 定位方式有（　　）。

A. 机械式孔定位　　B. 板边定位

C. 真空吸力定位　　D. 夹板定位

65. 下列哪些属于影响焊膏黏度的因素？（　　）

A. 焊粉颗粒度的大小　　B. 印刷速度的快慢

C. 焊粉含量的多少　　D. 室温的高低

66. 下列图示属于印刷质量缺陷的有（　　）。

A. 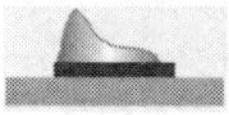　　B. 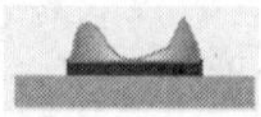　　C. 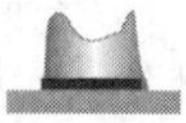　　D.

67. 对于焊膏、红胶的丝网印刷应当注意的方面是（　　）。

A. 印刷的平整性　　B. 印刷的一致性

C. 印刷的量是否满足需要　　D. 按工艺要求进行回温

68. 印刷图形短路引起的原因有（　　）。

A. 钢网变形或张力不够　　B. 底部支撑不好

C. 印刷参数设置不合适　　D. 焊膏黏度不够

69. 印刷时整块板有的区域偏、有的不偏或不同焊盘不同方向偏引起的原因有（　　）。

A. PCB 制造有偏差　　B. 钢网制造有偏差

C. PCB 变形　　D. 大尺寸 PCB 与钢网叠加精度差较大

70. 焊膏印刷机的维护、保养分为（　　）。

A. 日保养　　B. 周保养　　C. 月保养　　D. 年保养

71. SMT 焊膏印刷工序的常见缺陷主要为（　　）。

A. 印锡短路　　B. 印锡少锡　　C. 印锡拉尖　　D. 印锡偏移

72. 焊膏印刷机维护保养时的作业要求是（　　）。

A. 保养时机器一定要断电

B. 严禁用手推动各运动部件

C. 加润滑油和润滑脂时，不可过量

D. 保养完毕后，应全面检查是否有工具等遗忘在设备中

工作领域三　基板焊接

1. 炉温设置原则要考虑（　　）。

A. 基板材料种类与尺寸　　B. 元器件种类及组装密度

C. 符合炉温曲线变化规律　　D. 结合炉子的温区数目和加热区长度

2. 以下可以实现整板焊接的再流焊方式有（　　）。

A. 热传导再流焊　　B. 汽相再流焊

C. 红外再流焊　　D. 热风再流焊

3. 电磁泵的优点有（　　）。

A. 免维护　　B. 流量恒定

C. 温度恒定　　D. 每一点高度可控

4. 选择性波峰焊计算机编程中的导图模式，可支持的文件格式有（　　）。

A. dxf　　B. dwg　　C. gerbe　　D. step

5. 焊接四要素是（　　）。

A. 母材　　B. 助焊剂　　C. 焊料　　D. 热源

6. 炉后检验人员检查焊接质量时应（　　）。

A. 依相关的 IPC 标准对焊点检查

B. 依检测作业指导书检查元器件位置和方向的正确性

C. 对合格品、不合格品应分别标识和放置，跟踪不合格品处理的结果和数量

D. 加工双面板时，第二面过再流焊炉后需对前 3 块板正、反面全检后作为首件使用

7. 锡珠形成的原因主要有（　　）。

A. 焊膏塌陷　　B. 焊膏太多　　C. 焊膏品质　　D. 炉温曲线

8. 再流焊炉因温度曲线设置不当，可能造成元件微裂的是（　　）。
A. 保温区　B. 预热区　C. 焊接区　D. 冷却区
9. 再流焊炉的种类有（　　）。
A. 热风式再流焊炉　B. 氮气再流焊炉
C. 激光再流焊炉　D. 红外线再流焊炉
10. 对于 Sn63/Pb37 的 Sn-Pb 合金而言，在共晶温度点会发生以下哪些反应？（　　）
A. 由液相到固相转变　B. 由固相到液相转变
C. 由液相到固液混合相转变　D. 由固液混合相到液相转变
11. 以下哪些现象是共晶组分的主要特性？（　　）
A. 共晶成分通常表现为单独的均匀相，而且具有独特的金相结构
B. 在熔点温度下由分离的两相转变为单一的液熔体
C. 在熔点温度上由单一的液熔体转变为分离的液熔体
D. 共晶组分冷却后形成细晶粒混合结构
12. 以下哪些是 SnPb 合金焊料中铅的作用？（　　）
A. 降低熔点，便于操作　B. 改善机械特性
C. 降低界面张力　D. 抗氧化性
13. 以下哪些是再流焊炉选型时主要考虑的因素？（　　）
A. 加热方式　B. 传送方式　C. 温度特性　D. 外形结构尺寸
14. 以下属于再流焊特点的是（　　）。
A. 器件不直接浸渍在熔融的焊料中，元器件受到的热冲击小
B. 能控制焊料施加量，减少了虚焊、桥接等焊接缺陷
C. 有自定位效应
D. 可以采用局部加热的热源
15. 再流焊设备的技术指标包含（　　）。
A. 温度控制精度　B. 温度均匀度
C. 温度曲线调试功能　D. 加热区数量和长度
16. 以下（　　）是选择性波峰焊的典型优势。
A. 产生的锡渣少
B. 助焊剂使用量很小
C. 占用场地面积小
D. 能耗低，实际运行功率只有波峰焊 1/4
17. 以下（　　）是焊接过程中预热的作用。
A. 将助焊剂中的溶剂挥发，减少焊接时产生气体
B. 活性剂开始分解和活化，去除表面的氧化膜及其他污染物
C. 保护金属表面防止发生再氧化
D. 避免焊接时急剧升温产生热应力损坏印制板和元器件
18. 选择性波峰焊设备焊接时，影响波峰稳定性的因素有（　　）。
A. 喷嘴材料　B. 电磁泵内部焊料填充量
C. 氮气浓度与流量　D. 喷嘴润湿性

19. 选择性波峰焊设备焊接时，影响通孔填充率的因素有（　　）。

A. 锡缸焊料温度　　B. 预热温度

C. 氮气浓度与流量　　D. 焊接高度、波峰高度

20. 以下（　　）是选择性波峰焊轨道调试要求。

A. 进口与出口同宽　　B. 轨道水平共面

C. 轨道与模组水平面平行　　D. 安装后无须调节

21. 以下（　　）是选择性波峰焊对 PCB 的要求。

A. 元器件到板边间距大于 5 mm　　B. PCB 上方元器件小于 100 mm

C. PCB 下方元器件小于 60 mm　　D. PCB 尺寸应大于 100 × 60 mm

22. 以下（　　）是选择性波峰焊常见缺陷——气泡、气孔产生的原因。

A. PCB 或引线氧化　　B. 预热不足

C. PCB 镀覆孔内壁厚度不均匀或断裂　　D. PCB 湿度超标

23. 下列哪些是自动焊接机对比人工焊接的优势？（　　）

A. 焊料使用量控制　　B. 焊料一致性高

C. 焊接动作受控　　D. 所有焊点编入程序不会出现漏焊

24. 以下哪几项传热方法是再流焊炉的主要传热方法？（　　）

A. 热传导　　B. 热辐射　　C. 热吸收　　D. 热气对流

25. 以下哪几项属于再流焊炉的加热系统参数？（　　）

A. 加热温区数　　B. 最高加热温度　　C. 功耗参数　　D. 预热温度

26. 以下属于再流焊炉结构件的有（　　）。

A. 助焊剂喷涂装置　　B. PCB 传送导轨　　C. 冷却装置　　D. 加热系统

27. 再流焊炉典型的温度曲线分为（　　）。

A. 预热区　　B. 恒温区　　C. 焊接区　　D. 冷却区

28. 以下哪些传送方式是再流焊炉的主要传送方式？（　　）

A. 链传动　　B. 链传动+网传

C. 网传动　　D. 双导轨运输系统

29. 再流焊炉按照加热的方式可以分为（　　）。

A. 红外再流焊炉　　B. 热风再流焊炉　　C. 汽相再流焊炉　　D. SPR 再流焊炉

30. 烙铁头的主要头型有（　　）。

A. D 型　　B. DV1 型　　C. N 型　　D. PC 型

31. 对于“911G-20N18H25”，注释正确的是（　　）。

A. “N”表示门型头　　B. “20”表示烙铁头底部厚度

C. “18”表示槽宽 1.8 mm　　D. “25”表示槽宽 2.5 mm

32. 可用于引脚拖焊的头型有（　　）。

A. D 型　　B. DV2 型　　C. N 型　　D. DV1 型

33. D 型烙铁头适用（　　）类型的焊点。

A. 扁平引脚　　B. 平铺线束　　C. 过孔引脚　　D. 过孔线束

34. 烙铁头的选择原则是（　　）。

A. 在焊接空间足够的情况下，能选大头不选小头

B. 焊接空间要求：周边不能有干涉
C. 对于散热大的焊点，选择热容量大的头型
D. 烙铁头尺寸要比焊盘直径大一倍

35. 下列哪些烙铁头底部尺寸是 1 mm？（　　）
A. 911G-10PC　　B. 911G-20D
C. 911G-10DV1　　D. 911G-15N8H20

36. 选择性波峰焊系统由（　　）组成。
A. 喷雾系统　　B. 预热系统　　C. 焊接系统　　D. 传动系统

37. 相对于机械泵，电磁泵的优势有（　　）。
A. 免维护　　B. 流量恒定
C. 波峰高度恒定　　D. 无机械运动，减少锡渣产生

38. 选择性波峰焊获得高可靠性焊点的优势有（　　）。
A. 表面洁净度高　　B. 通孔填充率高　　C. 焊点强度高　　D. 直通低

39. 选择性波峰焊在哪几种情况下需要辅助治具？（　　）
A. 焊点周边原件或热敏元件防护　　B. PCB 板无法直接流入轨道
C. PCB 板尺寸小于 80　　D. 元器件需辅助定位

40. 选择性波峰焊与波峰焊的优势可从哪几个维度了解？（　　）
A. 品质　　B. 成品　　C. 维保　　D. 离子污染

41. 以下（　　）属于选择性波峰焊标准流程。
A. 助焊剂+焊接　　B. 助焊剂+预热+焊接
C. 助焊剂+预热+焊接+预热+焊接　　D. 助焊剂+预热+焊接+焊接

42. 关于选择性波峰焊接操作人员叙述正确的是（　　）。
A. 必须有上岗证　　B. 必须是男性
C. 负责选择性波峰焊设备日常维护　　D. 负责焊接参数调整

43. 快克选择性波峰焊轨道传递的方式有（　　）。
A. 滚轴　　B. 皮带　　C. 链条　　D. 运动模组

44. 以下可以采用选择性波峰焊焊接的是（　　）。
A. 电阻器　　B. 二极管
C. PLCC 封装的集成电路　　D. SOJ 封装的集成电路

45. 选择性波峰焊编程可通过（　　）方式完成。
A. gerber/dxf 图像导入　　B. 相机彩图
C. 坐标　　D. 图片格式导入

46. 影响焊接的主要因素有（　　）。
A. 设备　　B. 原材料　　C. 工艺　　D. PCB 设计

47. 选择性波峰焊维护工具包括（　　）。
A. 高温橡胶手套　　B. 无水乙醇　　C. 无尘布　　D. 耐高温围裙

48. 以下哪些是预热的作用？（　　）
A. 活化助焊剂　　B. 预热被焊产品
C. 防止热冲击　　D. 防止 PCB 变形

49. 以下（　　）是选择性波峰焊组成的模组。

A. 预热工位　　B. 焊接工位　　C. 冷却工位　　D. 助焊剂工位

50. 选择性波峰焊应用范围包括（　　）。

A. 汽车电子　　B. 手机　　C. 医疗　　D. 5G

51. 选择性波峰焊每日保养包括（　　）。

A. 检查预热功能是否正常　　B. 检查助焊剂量

C. 锡渣清理 1~2 次　　D. 机器外部清洁

52. 选择性波峰焊周保养包括（　　）。

A. 清洁喷头　　B. 清洁喷嘴

C. 检查助焊剂量　　D. 检查预热功能是否正常

53. 选择性波峰焊中哪几个设备需要定期维护？（　　）

A. 相机　　B. X、Y、Z 轴　　C. 助焊剂喷头　　D. 焊接喷嘴

54. W5050 助焊剂工位有哪些模块组成？（　　）

A. X、Y 轴　　B. 喷头　　C. 加热管　　D. 轨道

55. 再流焊的主要组成部分有（　　）。

A. 传送部分　　B. 预热部分　　C. 焊接部分　　D. 冷却部分

56. 使用再流焊必然会经过哪些步骤？（　　）

A. 开机　　B. 测温度曲线　　C. 调试处方文件　　D. 关机

57. 助焊剂在焊接过程中的作用包括（　　）。

A. 除去被焊基体金属表面的氧化膜

B. 降低液态焊料的表面张力

C. 传热

D. 促进液态焊料的漫流

58. 再流焊主要工艺参数是（　　）。

A. 预热温度和预热时间　　B. 峰值温度

C. 熔点以上时间　　D. 升温速率

59. 对再流焊的几种警示灯颜色解释正确的有（　　）。

A. 绿色–恒温　　B. 黄色–升温　　C. 黄色–警告　　D. 红色–报警

60. SMT 设备常见的日常保养项目有（　　）。

A. 清洁设备　　B. 检查运作是否正常

C. 更换配件　　D. 添加润滑剂

61. 热风再流焊的优点有哪些？（　　）

A. 加热均匀　　B. 温度容易控制

C. 不容易产生氧化　　D. 小产品也有很高的焊接精度

62. 助焊剂的主要种类有哪些？（　　）

A. 无机助焊剂　　B. 有机酸助焊剂

C. 松香助焊剂　　D. 树脂类助焊剂

63. 再流焊传送的精度是指（　　）。

A. 调宽精度　　B. 运动精度

C. 导轨伸缩精度　　D. 重复精度

64. 测试温度曲线前需要准备哪些工具？（　　）

A. 测温仪　　B. 测温板　　C. 高温胶纸　　D. 高温锡丝

65. 再流焊各温区描述正确的有（　　）。

A. 恒温区的目的是使焊膏溶剂挥发　　B. 恒温区使助焊剂活化，去除氧化物

C. 焊接区使焊膏熔化　　D. 冷却区形成焊点原件与焊盘连接

66. 关于温度曲线测试的说法正确的有（　　）。

A. 测试板热特性应与实际板类似，最好采用实际板制作测试板

B. 测试板测试点的选择，必须反映 PCBA 上最大、最小、关键器件（如热敏感器件）焊点的温度。一般测试点应包括最大尺寸 BGA 的中心、角部与封装表面、PCB 面等

C. 如果温度高，适度降低温区温度；如果温度低，适度提高温区温度，一般应以 5 ℃的幅度逐步进行调试

D. 测试点的固定必须可靠，测试过程中不能松开，焊点大小应尽可能大，能反映焊点的真实温度变化

工作领域四　基板检修

1. 质量控制（简称 QC）分为（　　）。

A. IQC　　B. IPQC　　C. FQC　　D. OQC

2. 目检人员在检验时所用的工具有（　　）。

A. 放大镜　　B. 比罩板　　C. 镊子　　D. 电烙铁

3. 不良问题发生时，我们可通过（　　）加以改善。

A. 数据编列　　B. 方针管理　　C. 品管组织　　D. 品质分工

4. 造成生产质量变异的主要原因包括（　　）等因素。

A. 人员　　B. 机器　　C. 材料　　D. 方法

5. 包装检验宜检查（　　）。

A. 数量　　B. 料号　　C. 方式　　D. 质量

6. 生产异常时，首先要（　　）。

A. 开出异常联络单　　B. 报告品管　　C. 报告工程　　D. 组织改善

7. 游标卡尺可用于测量（　　）。

A. 深度　　B. 长度　　C. 内径　　D. 阶梯尺寸

8. 来料检测包括（　　）。

A. 设备检测　　B. 元器件检测

C. PCB 检测　　D. 工艺耗材检测

9. 属于视觉检查的方法主要包括（　　）。

A. 人工目测　　B. AOI　　C. AXI　　D. ICT

10. 手工返修焊接工具有（　　）。

A. 防静电烙铁　　B. 热风枪

C. 吸锡枪　　D. 元器件吸附笔

11. SMT 检测工艺内容主要包括（　　）。

A. 来料检测　　B. 工序检测　　C. 组件检测　　D. 设备检测

12. BGA 焊盘手工焊膏印刷时，影响焊膏印刷质量的主要因素是（　　）。

A. 钢网平整度　　B. 钢网厚度和开孔的光洁度

C. 焊膏质量　　D. PCB 的平整度和焊盘的光洁度

13. BGA 返修出现焊点短路，导致这一现象的因素有（　　）。

A. PCB 变形　　B. BGA 器件变形

C. 对位贴放偏移　　D. 焊盘焊膏印刷量不均匀

14. BGA 器件返修的故障现象有（　　）。

A. 虚焊　　B. 短路　　C. PCB 分层　　D. BGA 器件变色

15. BGA 返修后测试焊接品质的方法有（　　）。

A. 上电测试　　B. X-RAY 拍照　　C. 红墨水实验　　D. 高低温测试

16. BGA 器件虚焊时，哪些修正方式正确？（　　）

A. 适当延长再流焊时间　　B. 加大助焊剂的涂覆厚度

C. 检测加热温度是否合格　　D. 检测器件贴放是否精准

17. BGA 器件短路时，有哪些补救方式？（　　）

A. 检测对位贴放精度　　B. 减少助焊膏涂覆厚度

C. 适当降低再流焊最高焊接温度　　D. 检测 PCB 与器件的平整度

18. 下列哪些可以考虑采用 BGA 返修工艺？（　　）

A. QFN 与 QFP　　B. 模组的整体贴装焊接

C. 插件型连接器　　D. 贴装类连接器

19. 焊接中锡珠产生的主要原因为（　　）。

A. 温度曲线上升斜率过大　　B. 焊膏粘度过低

C. 焊膏变质　　D. 冷却斜率过快

20. BGA 返修过程中氧化产生的主要原因有（　　）。

A. PCB 焊盘清理后未及时返修，存储时间过长

B. BGA 器件保存方式不当，未密封保存，保存环境温湿度偏高

C. 焊盘清理时烙铁温度过高，在清理焊盘时导致高温二次氧化

D. 焊接时焊接温度使用不当

21. 常见的返修准则有（　　）。

A. 电子装联技术中的组装件在组装或测试过程中如果受损，有必要恢复其功能时，应允许进行修复

B. 修复包括更换元器件及与更换元器件相关的连接部分

C. 电子组件的修复应不降低产品的原有质量，不妨碍电子组件符合装焊相关的工艺技术要求

D. 所有返工后的焊点特性应符合工艺文件要求

22. 在选择返修方式时，应根据单板和器件特点进行选择，通常按（　　）要求等评估选择。

A. 焊料成分　　B. 焊点大小　　C. 数量　　D. 耐温

23. 常见的底部端子元器件有哪些类型？（　　）

A. QFN　　B. BGA　　C. SOP　　D. SOT

24. 选择返修技术需要考虑哪些因素？（　　）

A. 线路板类型　　B. 器件特点　　C. 焊点大小　　D. 数量

25. 吸锡枪保养维护需要关注的配件是（　　）。

A. 弹簧过滤管　　B. 陶瓷过滤纸　　C. 前端盖　　D. 手柄扳机

26. 以下哪些适合用吸锡枪进行拆焊？（　　）

A. QFN　　B. SOT　　C. 插件电阻电容　　D. 插座

27. 吸锡枪的维护要求有（　　）。

A. 吸锡枪内的焊渣要定时清除

B. 吸锡枪配置的海绵应注意随时保持清洁

C. 管筒要旋紧后才可加热使用

D. 吸锡枪加热后如长时间不使用要及时关闭

28. 预热对线路板拆焊有什么作用？（　　）

A. 减少飞溅现象　　B. 减少热冲击

C. 提高拆焊效率　　D. 辅助加热

29. 在线式 AOI 的进板方向有（　　）。

A. 左进右出　　B. 右进左出　　C. 左进左出　　D. 右进右出

30. 插件线体主要的设备有（　　）。

A. 插件机　　B. 波峰焊　　C. 点胶机　　D. AOI

31. IC 器件在 AOI 检测中需要检测（　　）不良。

A. 偏移　　B. 缺件　　C. 反向　　D. 脚翘

32. 在 SMT 线体中，AOI 可应用的工艺场景有（　　）。

A. 印刷机前　　B. 再流焊后　　C. 贴片机后　　D. 再流焊前

33. 以下哪些不良不可以用 AOI 检查出来？（　　）

A. 电压异常　　B. 缺件　　C. 功能异常　　D. 空焊

34. 以下电子元器件在 AOI 检查中需要检查极性的有哪几种？（　　）

A. LED 灯　　B. 电解电容　　C. 电感　　D. 钽电容

35. 常见 PCBA 焊点不良有（　　）。

A. 少锡　　B. 连锡　　C. 多锡　　D. 引脚未伸出

36. 在 THT 插件线体中，AOI 可应用的工艺场景有（　　）。

A. 插件机前　　B. 波峰焊前　　C. 波峰焊后　　D. 终检

37. 日常清洁 AOI 机器时不可使用气枪，会把（　　）吹入机器内部，附在丝杆/导轨、镜头上，影响机器正常使用。

A. 灰尘　　B. 异物　　C. PCBA 板　　D. 纸屑

工作领域五　基板装联

1. 平台式点胶机上可以有（　　）。

A. 三轴　　B. 四轴　　C. 五轴　　D. 六轴

2. 选择针头的好坏通常从（　　）方面观察。

A. 毛边处理　　B. 内径　　C. 内壁光滑度　　D. 针头长度

3. 针筒点胶有时有溢胶现象，可能出现的状况有（　　）。

A. 回吸未开　　B. 针筒改大号　　C. 胶水内有气泡　　D. 针头内有气泡

4. PCB 补强胶的包装有（　　）。

A. 30 cc 针筒　　B. 55 cc 针筒　　C. 330 cc 卡式胶筒　　D. 1 公升桶

5. 影响点涂胶量精度的原因有（　　）。

A. 针头　　B. 针筒　　C. 治具　　D. 平台机

6. 以下（　　）均是可用于点瞬间胶水的配置。

A. 针筒　　B. 点胶控制器　　C. 气管　　D. 铁氟龙管

7. 以下（　　）均是点胶耗材。

A. 点胶控制器　　B. 适配器　　C. 活塞　　D. 不锈钢针头

8. 以下（　　）可以用于热熔胶点涂。

A. 大流体柱塞阀　　B. 螺杆阀　　C. 喷射阀　　D. 撞针阀

9. 针筒点胶有时有滴漏现象，可能出现的状况有（　　）。

A. 回吸未开　　B. 针筒改大号　　C. 胶水内有气泡　　D. 针头内有气泡

10. 点胶机的常规技术参数设置主要有（　　）。

A. 点胶量的大小　　B. 点胶压力（背压）

C. 针头大小　　D. 针头与 PCB 板间的距离

11. 常见的点胶针头尺寸包括（　　）。

A. 1/4 in　　B. 1/2 in　　C. 3/5 in　　D. 1 in

12. 自动化点胶工艺中常见的胶水类型有（　　）。

A. 环氧胶　　B. UV 胶　　C. 硅胶　　D. 贴片胶

13. 自动点胶作业编辑时，包含以下哪些插补类型？（　　）

A. 孤立点　　B. 圆弧　　C. 回字形　　D. 圆形

14. 点胶简易法则中，以下哪几项正确？（　　）

A. 小胶点——小针头，低压力，短的时间间隔

B. 大胶点——大针头，高压力，长的时间间隔

C. 黏稠流体——斜式针头，高压力，足够的时间

D. 水性流体——小针头，低压力，短的时间

15. 扭矩测试仪是用来点检扭矩的，可以测量哪些值？（　　）

A. 差值　　B. 峰值　　C. 平均值　　D. 实时值

16. 点胶适配器的常见规格是（　　）。

A. 5 cc 适配器　　B. 10 cc 适配器　　C. 30 cc 适配器　　D. 6 盎司适配器

17. 气动往复式结构胶阀包括（　　）。

A. 回吸阀　　B. 顶针阀　　C. 隔膜阀　　D. 压电阀

18. 自动化点胶工艺中，常见的控制类型是（　　）。

A. 时间压力式　　B. 螺杆式　　C. 气动式开关胶阀　　D. 喷射式胶阀

19. PCBA 表面点胶工艺常用的胶水有（　　）。

A. 硅胶　　B. RTV　　C. 三防漆　　D. 环氧胶

20. 常见胶水的类型中，具备导电作用的胶水有（　　）。
A. 硅胶　B. 银浆　C. UV 胶　D. 焊膏
21. 底部填充的点胶工艺中，常见的施胶方式有（　　）。
A. 单点施胶　B. 单边施胶　C. 半 L 形施胶　D. 全 L 形施胶
22. 胶阀使用过程中，为保证胶阀的稳定性，需要做以下哪些工作？（　　）
A. 定期维护保养　B. 保证气源的干净　C. 定期更换密封件　D. 停机
23. 工艺制程中，点胶工艺的作用是（　　）。
A. 粘接　B. 散热/导热　C. 密封　D. 补强/保护
24. 电动螺丝批常见的四种安装方式分别是（　　）。
A. ϕ3.95　B. ϕ4.95　C. SH5　D. SH1/4
25. CAD 导图用的是哪些格式的图纸？（　　）
A. dwg　B. pgp　C. txt　D. dxf
26. 示教器里面锁付时间参数包括（　　）。
A. 吸附延时　B. 浮锁时间　C. 滑牙时间　D. 锁前延时
27. 示教器里面锁付距离参数包括（　　）。
A. 取螺丝上抬　B. 上抬高度　C. 安全高度　D. 吸嘴下行距离
28. 示教器动作与报警设置是下面（　　）信号。
A. 准备信号　B. 真空信号　C. 浮锁滑牙信号　D. 原点信号
29. 视觉定位软件采用的识别工具有（　　）。
A. 模板　B. 轮廓　C. 中心　D. 直线
30. 十字螺丝批头和内梅花批头分别用哪两个英文表示？（　　）
A. PH　B. SL　C. T　D. H
31. 自动锁螺丝机主要有哪些结构组成？（　　）
A. 运动平台　B. 锁付模组+锁付工具
C. 供料机　D. 点胶阀
32. 示教器文件参数中，哪些可以作为加工结束点位置设置？（　　）
A. 原点　B. 起点　C. 结束点　D. 指定点
33. 示教编程中，以下哪些是视觉 Mark 定位的编程指令？（　　）
A. Mark 点识别　B. Mark 点校准开始
C. OUT 点　D. 延时点
34. 视觉定位软件中图像处理要调哪些参数？（　　）
A. 图像通道　B. 阈值/匹配度　C. 角度偏差　D. 滤波
35. 智能电批和伺服电批可以调整哪些锁付主要参数？（　　）
A. 扭矩　B. 角度　C. 锁付时间　D. 温度
36. 市场螺丝帽头型有哪些？（　　）
A. 盘头　B. 平头　C. 杯头　D. 机米螺丝
37. 电批和设备需要交互哪些信号？（　　）
A. 拧紧　B. 拧松　C. 拧紧 OK　D. 拧紧 NG

（四）简述题

工作领域一　装联准备

1. 静电放电对元器件有什么影响？

2. 烟雾净化系统对比传统管道的优势是什么？

3. 简述防静电腕带的使用方法。

4. 产生静电放电的两大因素是什么？

5. 物料编码的作用是什么？

6. 钢网表面质量检查和张力测试方法是什么？

7. 静电对电子产品有巨大的危害性，在生产过程中如何预防静电？

8. 选择激光打标机时，应注意机器哪些配件？

9. 紫外激光打标机可以标刻印记哪些材料？（四项以上得满分）

工作领域二　基板贴装

1. 现代封装技术的发展对贴装设备的适应性要求有哪些？

2. 贴片时，常出现元件不能检测、显示无元件或激光识别错误，请分析其原因（四项以上得满分）。

3. 贴片作业管控的工艺要点有哪些？

4. 贴片编程需要哪些资料？

5. 简述贴片机维护保养的意义。

6. 简述吸嘴保养的步骤。

7. 全自动焊膏印刷机是怎样矫正 PCB 与钢网之间的位置偏差的？

8. 当 PCB 整板印刷出来的效果如图所示（其中白色为焊盘，灰色为焊膏），应该怎样进行正确的调整？

9. 印刷作业控管工艺要点有哪些？

10. 选用焊膏时应注意哪些问题？

11. 为获得良好的焊点，需要具备哪些基本条件？

12. 在电子工业装联工艺中，采用 SnPb 二元合金作为焊料的主要原因是什么？

13. 简述全自动焊膏印刷机的工作流程。

工作领域三　基板焊接

1. 无铅化后，最好采用“红外+热风”上下两面同时加热方式，为什么？试分析之。

2. 写出自动焊接的程序编辑与加工流程。

3. 选择性波峰焊设备焊接时，经常会有锡球产生。锡球产生的原因是什么？如何减少锡球的产生？

4. 选择性波峰焊与波峰焊对比的优势有哪些？

5. 助焊剂的作用是什么？

6. 预热的作用是什么？

7. 简述氮气再流焊中影响炉内氮气浓度的因素。

8. 简要阐述再流焊常见的几种加热方式。

9. 再流焊后，产生焊点少锡现象的原因是什么？

10. 自动润滑控制：根据用户自行设置的加油周期及加油时间,操作系统通过控制电磁阀的开闭实现该功能。如传输链润滑不良，需检查哪几个方面？

11. 传送电机控制：传送带的速度是通过计算机软件程序、PLC 控制器、A/D 模块、编码器等组成的闭环电路来控制。通过速度参数设定值的改变，即可增大、减小其传送速度。若运行选定的温度曲线后，传送网带没有运转，需检查哪几个方面？

12. 再流焊分为哪四个区？每个区的目的是什么?

工作领域四　基板检修

1. 简述 AOI 设备安全及操作注意事项。

2. 不合格品控制的具体要求是什么？

3. 怎样才能建立和维护质量管理体系？

4. 如何理解生产线的持续改进？

5. 烙铁头是易耗品，正确的使用和保养可以极大地延长烙铁头的寿命。请问烙铁头该如何保养？

6. 简述 BGA 炉温测试板的制作流程。

7. 请画一张简单的无铅 BGA 返修温度曲线图，标明预热区、恒温活化区、焊接区、冷却区等区段。

8. 简述在 PCB 上印刷焊膏的步骤。

9. 简述 BGA 器件植球工序步骤。

10. 简述热风枪温度校准操作步骤（以快克 TR1300 为例）。

11. AOI 设备检查有哪些优点？

12. 概述 AOI 编程流程。

13. 简述 AOI 使用注意事项。

工作领域五　基板装联

1. 简单说明为什么 PCB 板上需要用到补强胶。

2. 点焊膏和点助焊剂是否可以选用同一种阀？是否还有更多的阀可以选择？

3. 简述点胶时出现滴漏现象的原因以及解决方法。

4. 简要说明在自动点胶过程中出现出胶大小不一致的原因以及解决方法。

5. 简述点胶针头的选择方法。

6. 客户购买了一台标准的气吸台式螺丝锁付机器人，使用一段时间后需切换产品与螺丝。新产品障碍高度与之前一致，扭矩一致，客户自己制作工装，请问该螺丝机需要更换哪些硬件配置？

五、操作技能考核试题

说明：中级实操考试由 13 个任务构成，分必考和抽考两种题型，具体见下表。考核时间 120 分钟，总分 100 分。

序号	项目名称	模块编号	模块内容	考核方式	考试方式	考核时间/分钟	配分
1	装联准备	1.1	环境稽查	现场实操	必考	2	2
		1.2	静电防护	现场实操	必考	2	3
		1.3	物料标码	现场实操	必考	6	5
2	基板贴装	2.1	印刷涂敷	现场实操	必考	15	10
		2.2	贴装编程	现场实操	必考	10	13
		2.3	贴片操作	现场实操	必考	10	12
3	基板焊接	3.1	再流焊接	现场实操	三选一	30	20
		3.2	选择性波峰焊接	现场实操			
		3.3	机器人焊接	现场实操			
4	基板检修	4.1	基板检测	现场实操	必考	10	10
		4.2	基板返修	现场实操	必考	20	15
5	基板装联	5.1	基板点胶	现场实操	二选一	15	10
		5.2	基板锁付	现场实操			
合　计						120	100

任务一　环境稽核

某公司电子产品制造中心如下图所示。请利用所学知识完成生产前的环境、5S 等稽核工作，并提出改善方案。

1. 请选择合适的工具，点检车间的环境，并对不达标的参数提出改善方案。（提示：从温度、湿度、静电防护等三个方面展开）

2. 请根据5S现场管理规范，稽核现场作业环境，并对做得不到位的地方提出改善方案。（提示：从整理、整顿、清扫、清洁、素养等五个方面展开）

3. 请根据静电设备及静电防护点检情况，提出静电防护改善报告。（提示：从人、机、料、法、环五个方面展开）

任务二　静电防护

我公司现与某公司签订了产品组装协议，产品样图如下图所示。请在生产前完成以下任务：

1. 根据SMT车间静电防护要求，对人员静电用品穿戴情况提出改善建议。（提示：从防静电服、帽、鞋、防静电腕带四个方面展开）

2. 根据SMT车间静电防护要求，对工作台面及接地系统电阻进行电阻测试。（提示：从表面阻抗测试仪展开）

3. 根据 SMT 车间静电防护要求，检测静电是否超标。（提示：从静电测试仪展开）

任务三 物料标码

我公司现与某公司签订了产品组装协议，产品样图如下图所示。请在生产前完成以下任务：

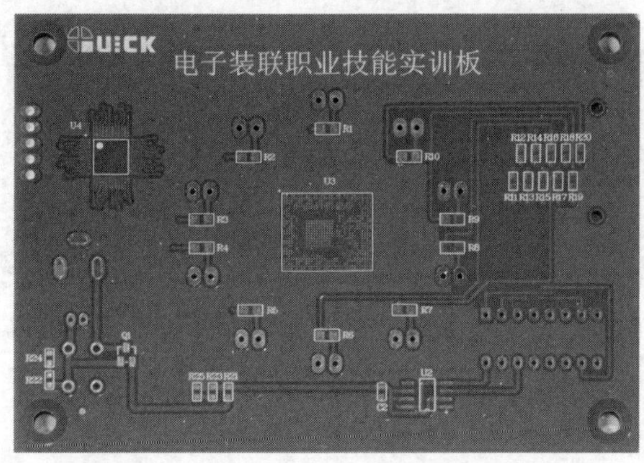

1. 识读物料规格参数。（提示：从作业指导书基本结构、编制原则几方面展开）

2. 制作物料标签，并在指定位置贴码标识。（提示：根据作业指导书要求）

3. 排除存储物料的标码错误并进行改正。（提示：根据作业指导书要求）

任务四 印刷涂敷

某公司委托我公司组装 1 000 片双面板，尺寸大小为 100 mm × 70 mm，试样如下图所示，SAC305 焊膏、PCB 及相关贴装元器件由该公司提供，其他生产辅材及工装由电子产品制造中心提供。

要求：

1. 印刷次数：1 次；
2. 刮刀压力：前（4±2）kg，后（4±2）kg；

3. 印刷速度：前（50±20）mm/s，后（50±20）mm/s；
4. 脱模速度：（2.0±1.0）mm/s；
5. 钢网自动清洁频率：第一轮清洗间距（5±2）pcs/次；第二轮清洗间距 30 pcs/次。

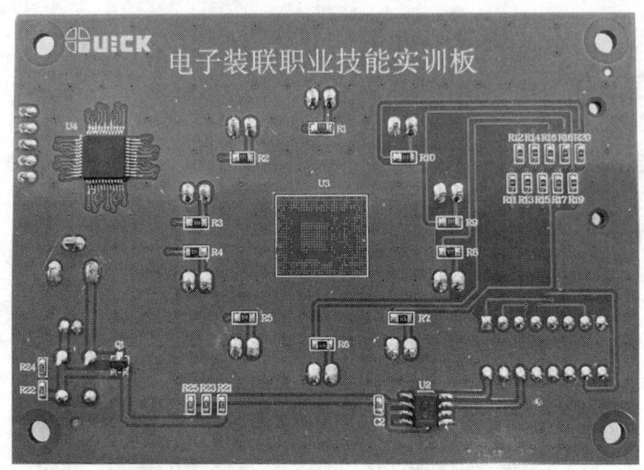

该产品目前流到印刷机工位。假如该工位由你来完成，请完成以下任务：

1. 根据现场 PCB 类型，选用合适的焊膏材料并进行正确回温。（提示：从产品组装要求、产品等级、组装元器件类型等三个方面选择焊膏）

2. 根据印刷机作业指导书，安装刮刀、钢网、擦拭纸并添加锡膏。

3. 根据上述参数要求，编制印刷程序，并完成印刷。

4. 分析现场印刷不良的产生原因。（提示：从人、机、料、法、环等五个方面着手）

5. 根据现场印刷不良，调整工艺参数，排除印刷缺陷。（提示：从刮刀压力、刮刀速度、清洗频率等三个方面着手）

任务五　贴装编程

根据电子装联职业技能实训板（见下图）工艺要求，完成下表中元件的贴装编程。

元件贴装明细表

序号	品　名	位　号	数量
1	贴片电容 0603–105/环保（1 μF）	C2	1
2	贴片三极管 3904（长电）/环保	Q1	1
3	贴片电阻 0805–511/环保（510 Ω）	R1–R10	10
4	贴片电阻 0603–000/环保（0 Ω）	R11–R20	10
5	贴片电阻 0603–274/环保（270 kΩ）	R22–R25	4
6	贴片 IC/NE555DR/环保	U2	1
7	贴片电阻 0603–513/环保（51 kΩ）	R21	1
8	贴片 IC/HT1621BQ/LQFP48	U4	1

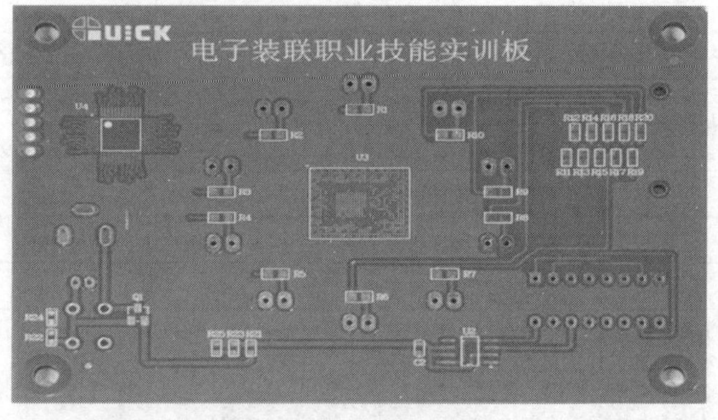

该产品目前流到贴装编程工位。假如该工位由你来完成，请完成以下任务：

1. 根据电子装联职业技能实训板，编辑基板数据。

2. 根据电子装联职业技能实训板，编辑元件数据。

3. 根据电子装联职业技能实训板，编辑贴装数据。

4. 根据电子装联职业技能实训板，编辑吸取数据。

5. 导出料站表。

任务六　贴片操作

根据电子装联职业技能实训板（见下图）工艺要求，完成下表中元件的贴装操作。

元件贴装明细表

序号	品　名	位　号	数量
1	贴片电容 0603–105/环保（1 μF）	C2	1
2	贴片三极管 3904（长电）/环保	Q1	1
3	贴片电阻 0805–511/环保（510 Ω）	R1–R10	10
4	贴片电阻 0603–000/环保（0 Ω）	R11–R20	10
5	贴片电阻 0603–274/环保（270 kΩ）	R22–R25	4
6	贴片 IC/NE555DR/环保	U2	1
7	贴片电阻 0603–513/环保（51 kΩ）	R21	1
8	贴片 IC/HT1621BQ/LQFP48	U4	1

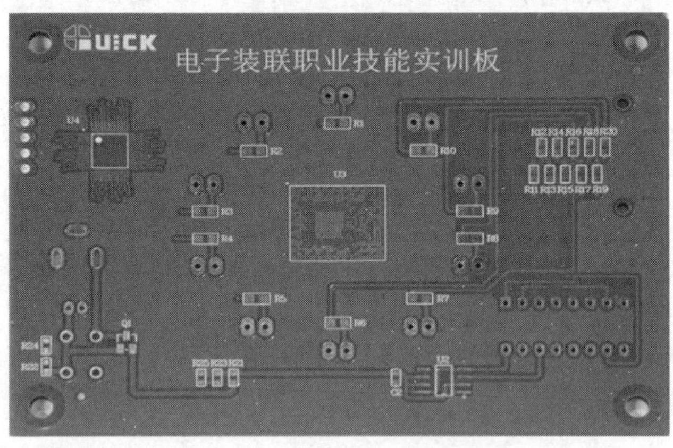

该产品目前流到贴片操作工位，假如该工位由你来完成，请完成以下任务：

1. 根据料站表及贴片程序，按要求将元器件架设到供料器上，并将各类供料器安装至贴片机内。

2. 调用对应程序，完成贴片生产。

3. 判定生产现场贴装品质，对可能存在的贴装缺陷，分析产生原因。（提示：从人、机、料、法、环几方面展开）

4. 收集现场贴片不良，调试贴装工艺参数，排除缺陷。（提示：从贴片坐标、贴片角度、元器件规格、标记点坐标几方面展开）

任务七　再流焊接

某公司委托我公司组装 1 000 片双面板，尺寸大小为 100 mm × 70 mm，试样如下图所示，SAC305 焊膏、PCB 及相关贴装元器件由该公司提供，其他生产辅材及工装由电子产品制造中心提供。

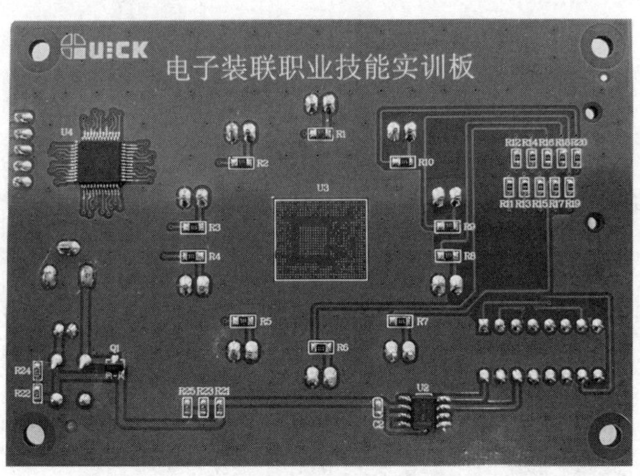

该产品目前流到回流焊炉工位。假如该工位由你来完成，请完成以下任务：

1. 依据产品类型，制作标准炉温测试板。（提示：从测试点选择、温度测试、热电偶等几方面着手）

2. 阐述炉温测试仪的工作原理。（提示：从热电偶、测温仪、测试板等几方面着手）

3. 使用标准炉温测试板进行炉温测试，并收集炉温曲线，与标准炉温曲线做比较。（提示：标准炉温曲线参考锡膏炉温曲线）

4. 判定焊点不良，并分析产生原因。（提示：从人、机、料、法、环或 8D 手法等几方面着手）

5. 调试炉温参数，排除现场焊接不良。（提示：从物料规格参数、焊膏参数、再流焊炉温度等几方面着手）

6. 根据现场焊点缺陷原因，提出改善报告。（提示：从人、机、料、法、环或 8D 手法等几方面着手）

任务八　选择性波峰焊接

某公司委托我公司组装 1 000 片双面板，尺寸大小为 100 mm × 70 mm，试样如下图所示，PCB 及相关插装元器件由该公司提供，其他生产辅材及工装由电子产品制造中心提供。

该产品目前流到选择性波峰焊接工位。假如该工位由你来完成，请完成以下任务：

1. 依据产品类型，选择合适的波峰喷嘴。

2. 根据产品特性，设置及校准预热及焊接区温度。

3. 根据选择性波峰焊作业指导书，使用离线式选择性波峰焊完成程序编辑和焊接作业。（提示：从波峰高度、传输速度、温度等几方面着手）

4. 根据现场焊点缺陷原因，提出改善报告。（提示：从人、机、料、法、环或 8D 手法等几方面着手）

任务九　机器人焊接

某公司委托我公司组装 1 000 片单面板，尺寸大小为 100 mm × 700 mm，试样如下图所示，PCB 及相关插装元器件由该公司提供，其他生产辅材及工装由电子产品制造中心提供。

该产品目前流到机器人焊接工位。假如该工位由你来完成，请完成以下任务：

1. 根据产品类型，选择合适的焊锡丝。（提示：从产品类型及使用场合、元器件规格等几方面着手）

2. 选择并安装合适的焊嘴。（提示：从产品类型及使用场合、元器件规格等几方面着手）

3. 设置合适的温度并校准。（提示：根据元器件特性着手）

4. 根据产品特性分析，编制合适的焊接程序，操作焊接机器人完成焊接。（提示：从焊锡丝、烙铁头和加热温度等几方面着手）

5. 目视焊接品质，判定焊点不良，并分析产生原因。（提示：从人、机、料、法、环或8D手法等几方面着手）

任务十　基板检测

SMT产线生产100块PCBA半成品，产品如下图所示，检测要求是检测少锡、漏铜、空焊、短路以及锡珠。计划使用在线式AOI设备完成检测工作。

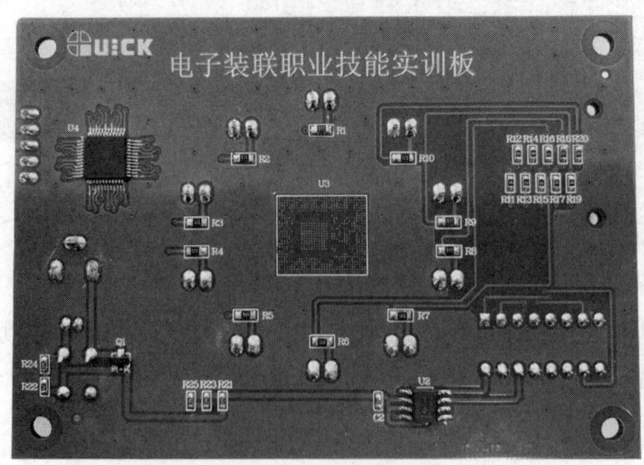

该批产品目前流到设备检测工位。假如该工位由你来完成，请完成以下任务：

1. 阐述AOI设备的检测原理。（提示：从光的折射、检测算法等几方面着手）

2. 根据作业指导书正确操作AOI，编制AOI检测程序，完成设备操作。（提示：调取工艺程序、进行设备复位、开始检测、停止检测等）

3. 根据AOI检查结果进行人工复判确认，张贴不良标识；填写AOI检验记录表，计算AOI检查良率。（提示：不良品贴红色不良标签，填写纸质AOI检验记录表）

4. 分析现场焊点缺陷原因，优化工艺参数，提出反馈建议报告。（提示：从人、机、料、法、环或8D手法等方面着手，如贴片坐标、炉温参数、印刷品质等）

任务十一　基板返修

某公司委托我公司组装1 000片双面板，尺寸大小为100 mm×70 mm，试样如下图所示，SAC305焊膏、PCB及相关贴装插装元器件由该公司提供，其他生产辅材及工装由电子产品制造中心提供。

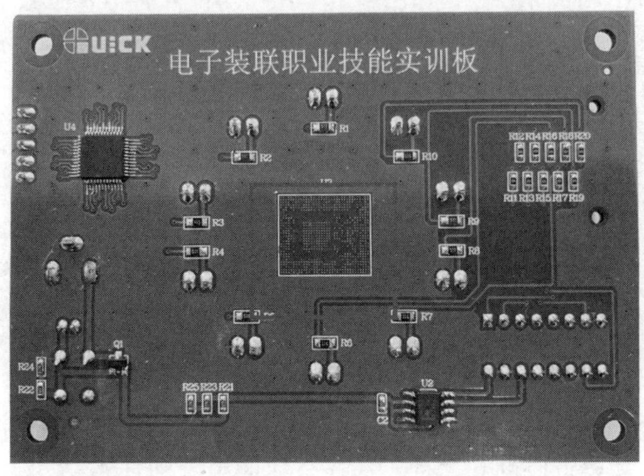

该产品目前流到返修工位。假如该工位由你来完成，请完成以下任务：

1. 正确操作红外热风返修台等工具，拆卸 QFP、PLCC 等细间距 IC 器件。（提示：从温度、元器件规格参数等几方面着手）

2. 正确操作红外热风返修台等工具，焊接 QFP、PLCC 等细间距 IC 器件。（提示：从温度、元器件规格参数等几方面着手）

3. 正确操作红外热风返修台等工具，修复 QFP、PLCC 等细间距 IC 器件。（提示：从温度、元器件规格参数等几方面着手）

4. 正确使用 BGA 返修台，返修 BGA 封装缺陷焊点。（提示：从拆、清洁、贴装、焊接等几方面着手）

任务十二　基板点胶

某公司委托我公司组装双面实训板，尺寸大小为 100 mm × 70 mm，试样如下图所示，现需对部分元件进行点胶补强，增强防跌落能力。

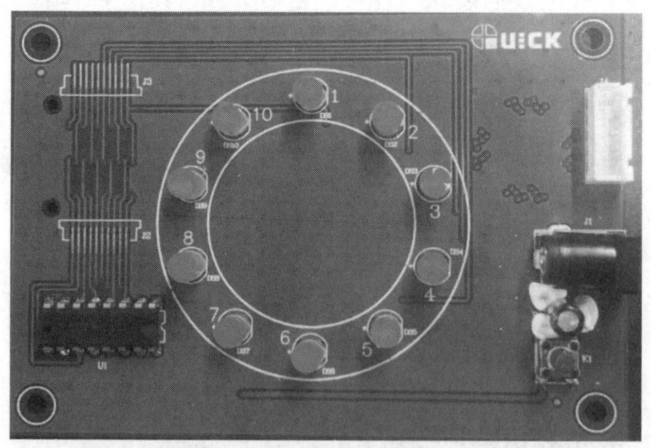

该产品目前流到点胶机工位。假如该工位由你来完成，请完成以下任务：

1. 根据实训板上需要点胶的元器件，选择合适的胶水和针头。（提示：从产品类型、使用

场合、胶的性质、针头类型等四个方面着手）

2. 用示教盒编制点胶程序并设定合适的参数。（提示：从产品点胶类型、胶水类型着手）

3. 判定现场点胶涂敷品质并分析可能产生的问题原因。（提示：从人、机、料、法、环等五个方面着手）

4. 根据现场点胶缺陷，调整点胶工艺参数，排除缺陷。（提示：从点胶高度、点胶压力、胶嘴选择等三个方面着手）

任务十三　基板锁付

某公司委托我公司组装 1 000 片双面板，尺寸大小为 100 mm × 70 mm，试样如下图所示，SAC305 焊膏、PCB 及相关贴装元器件由该公司提供，其他生产辅材及工装由电子产品制造中心提供。

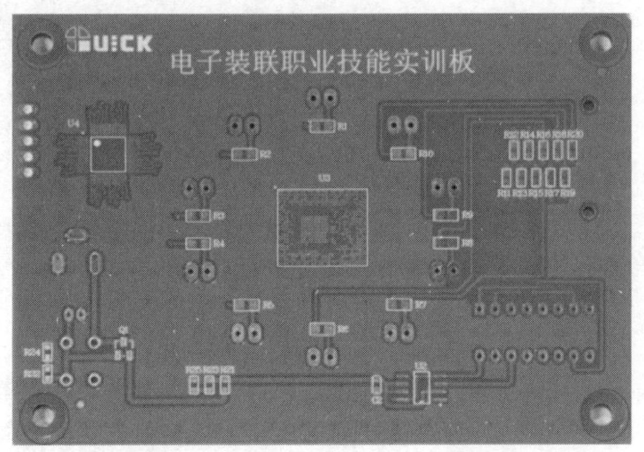

该产品目前流到锁付工位。假如该工位由你来完成，请完成以下任务：

1. 选择并安装合适的锁付配件。（提示：从螺丝、供料机、批头、吸嘴几个方面展开）

2. 设置电批控制器的扭矩，并校准扭矩。（提示：从锁付方式选择、电批控制器参数设置几个方面展开）

3. 编制产品的螺丝锁付程序。（提示：从点位坐标、扭矩规格、扭矩大小等方面着手）

4. 优化工艺参数，解决现场锁付缺陷。（提示：从点位坐标、扭矩规格、扭矩大小等方面着手）

六、理论知识考核试卷样例

姓名：________ 考号：________ 单位：________ 考点名称：________

电子装联职业技能理论知识考核试卷一

注 意 事 项

1. 首先按要求在试卷的标封处填写您的姓名、考号、单位和考点名称。
2. 请仔细阅读各种题目的回答要求，在规定的位置填写您的答案。
3. 请用蓝色（或黑色）钢笔、圆珠笔答卷，不要在试卷内填写与答案无关的内容。
4. 本试卷满分为 100 分；考试时间为 60 分钟。

题号	一	二	三	四	总分
得分					

得分	
评分人	

一、判断题（每题 1 分，共 10 分。在（ ）内打“√”或“×”）

1. SMT 环境温度要求通常为 23±5 ℃。（ ）
2. 静电产生的实质是电中性原子内部的电子迁移。（ ）
3. 焊膏的保管要控制在 2 ~ 10 ℃的环境下。（ ）
4. 一个完整的贴片过程应包含吸嘴取料、元器件辨识、元器件贴片的过程。（ ）
5. 设定一个再流焊温度曲线时，需要考虑的因素有很多，一般包括所使用的焊膏特性、再流焊炉的特点等，但不需考虑 PCB 板的特性。（ ）
6. 选择性波峰焊焊接时受到向上的焊料重力影响。（ ）
7. AOI 的直通率就是测试后没有误判直接 PASS 的板子数量占测试总数的百分比。（ ）
8. BGA 返修时，需要预先对每块所需返修的 BGA 器件进行温度测试，只有经过测试并达标的器件才能进行有针对性的返修。（ ）
9. 气吹供料防止螺丝在管道里面翻转，对螺丝的规格有一定的要求，螺丝的总长 L 与螺帽直径 D 的比例要大于 1.2。（ ）
10. 生产中，发现针头上有残胶时，不用停机，可直接用无尘布将残胶擦掉。（ ）

得分	
评分人	

二、单项选择题（每题 1 分，共 30 分）

1. 以下哪一项不属于电子制造 SMT 设备工作环境（　　）。
   A. （23 ± 5）℃　　B. 45% ~ 70% RH
   C. 800 ~ 1 200 lx　　D. 7 kg/m²

2. 如图所示标志的含义是（　　）。
   A. ESD 防护标志　　B. ESD 敏感标志
   C. 禁止用手接触 PCB　　D. 此区域不能用手接触

3. 以下（　　）不是作业指导书的内容。
   A. 作业步骤　　B. 作业内容
   C. 作业试题　　D. 作业注意事项

4. THT 技术的含义是（　　）。
   A. 通孔插件技术　　B. 表面贴装技术
   C. 径向插件技术　　D. 轴向插件技术

5. 钢网使用前操作错误的是（　　）。
   A. 核对名称　　B. 检查表面有无破损
   C. 测试张力　　D. 设置钢网压力

6. 下列不属于贴片封装的是（　　）。
   A. SOP　　B. SOT　　C. QFP　　D. DIP

7. 电阻表面标注了 101 表示该电阻阻值是（　　）Ω。
   A. 10　　B. 100　　C. 101　　D. 1 000

8. 此类贴片机的贴片头属于（　　）。
   A. 动臂式　　B. 转盘式　　C. 转塔式　　D. 复合式

9. 贴片机贴片元件的原则为（　　）。
   A. 先贴小零件，后贴大零件　　B. 先贴大零件，后贴小零件
   C. 根据贴片位置随意安排　　D. 以上都不是

10. 全自动印刷机的 STOP 气缸安装在（　　）上。
    A. 轨道　　B. CCD　　C. 平台　　D. Z 轴

11. 在钢网的制作方法中，有精度高、价格昂贵等特点的制作方法是（　　）。
    A. 化学腐蚀法　　B. 激光法
    C. 电铸法　　D. 高分子聚合物模板

12. 图示元件的封装名称为（　　）。

A. BGA B. PLCC C. LCCC D. QFP

13. 再流焊炉中传送 PCB 进出的结构单元是（ ）。

A. 传送中央支撑 B. 支撑网 C. 传送导轨 D. 上下加热器

14. SMT 产品再流焊分为四个区，按顺序哪个正确？（ ）

A. 预热区，保温区，焊接区，冷却区 B. 预热区，升温区，焊接区，冷却区
C. 预热区，焊接区，冷却区，保温区 D. 预热区，焊接区，保温区，冷却区

15. 使整个 PCB 板达到均衡温度，减少焊接区热冲击；激发活性剂的活性，并去除焊接表面的氧化物，属于再流焊中（ ）的作用。

A. 预热区 B. 保温区 C. 焊接区 D. 冷却区

16. 以下哪个不是焊接四要素？（ ）

A. 母材 B. 温度 C. 助焊剂 D. 焊料

17. 选择性波峰焊参数中，不属于通孔填充的影响因素是（ ）。

A. 助焊剂喷涂 B. 预热温度 C. 轨道链速 D. 焊接时间

18. 评估再流焊炉性能优劣的最重要指标是（ ）。

A. 温度控制精度 B. 温度不均匀性
C. 加热温区数 D. 温度曲线可重复性

19. AOI 测试系统中有一重要的名词 FOV，下列说法正确的是（ ）。

A. 一个检测程序只能有一个 FOV B. FOV 是指相机拍取的大图
C. 一个 FOV 可以有多种光源 D. 一个检测程序可以有一个或多个 FOV

20. 使用红外型 BGA 返修设备进行 BGA 返修时，如果器件表面为浅色反光材质时（ ）。

A. 需对器件表面进行变色处理（深色） B. 需调亮灯光
C. 需调暗灯光 D. 无须做任何处理

21. 常规无铅制程的 BGA 器件和 PCB，焊接时耐温不超过（ ）。

A. 260 ℃ B. 270 ℃ C. 280 ℃ D. 290 ℃

22. AOI 检测三色光源的颜色分别是（ ）。

A. 红黄蓝 B. 红绿蓝 C. 黄绿蓝 D. 黄蓝紫

23. 单独焊点、小区域焊点或底部焊点，耐温无特殊要求时，优选哪种返修方式？（ ）

A. 热风枪返修 B. 吸锡枪返修 C. 锡炉返修 D.BGA

24. 常见的焊点不良不包括（ ）不良。

A. 空焊 B. 锡多 C. 锡洞 D. 损件

25. 影响点涂胶量精度的原因不包括哪一项？（ ）

A. 针头 B. 温度 C. 治具 D. 气压

26. 以下哪个不是常用的螺丝筛选供料方式？（ ）

A. 滚筒供料 B.阶梯上料 C. 震动盘上料 D.输送线上料

27. 如果客户选用卡式胶筒点胶，需配置什么控制器？（ ）

A. 胶阀控制器 B. 喷射阀控制器
C. 蠕动点胶控制器 D. 点胶控制器

28. 以下哪个阀可以用于点瞬间胶水的配置？（ ）

A. 顶针阀 B. 回吸阀 C. 螺杆阀 D. 蠕动泵

29. 批头的规格是 5.00 × 150 × 4.00 × 30 × PH1,那么批头总长是（　　）。

A. 150　　B. 5.00　　C. 4.00　　D. 30

30. 气吸转盘式供给机型号命名，下面哪个是正确的？（　　）

A. ECS65A　　B.ECS60K　　C. ECS66A　　D.ECS65B

得分	
评分人	

三、多项选择题（10 题，每题 1 分，共 10 分：每题的备选答案中，有两个或两以上符合题意的答案，请将其编号填到相应空格内，错选、多选、少选均不得分）

1. 静电危害主要包括（　　）。

A. 硬击穿　　B. 软击穿　　C. 静电吸附灰尘　　D. 静电噪声

2. 对 SMT 生产环境的基本要求有（　　）。

A. 工作间保持清洁卫生，无尘土，无腐蚀性气体

B. 温度以 23±2 ℃为最佳，一般为 18~28 ℃，极限温度为 15~35 ℃

C. 相对湿度应该控制在 45%~70%范围以内

D. 环境噪声应控制在 70 dB 以内

3. 以下哪些属于贴片机贴装头不能拾取元件的故障原因？（　　）

A. 吸嘴磨损老化　　B. 吸嘴内有污染物堵塞

C. 元器件表面平整度低　　D. PCB 传送皮带松

4. 以下哪些属于刮刀的规格参数？（　　）

A. 长度　　B. 角度　　C. 高度　　D. 温度

5. 炉温设置原则要考虑（　　）。

A. 基板材料种类与尺寸　　B. 元器件种类及组装密度

C. 符合炉温曲线变化规律　　D. 结合炉子的温区数目和加热区长度

6. 选择性波峰焊设备焊接时，影响通孔填充率的因素有（　　）。

A. 锡缸焊料温度　　B. 预热温度

C. 氮气浓度与流量　　D. 焊接高度、波峰高度

7. 助焊剂在焊接过程中的作用包括（　　）。

A. 除去被焊基体金属表面的锈膜　　B. 降低液态焊料的表面张力

C. 传热　　D. 促进液态焊料的漫流储

8. BGA 器件返修的故障现象有（　　）。

A. 虚焊　　B. 短路　　C. PCB 分层　　D. BGA 器件变色

9. 智能电批和伺服电批可以调整哪些锁付主要参数？（　　）

A. 扭矩　　B. 角度　　C. 锁付时间　　D. 温度

10. 选择针头的好坏通常从（　　）方面观察。

A. 毛边处理　　B. 内径　　C. 内壁光滑度　　D. 针头长度

得分	
评分人	

四、简述题（每题 10 分，共 50 分）

1. 静电放电对元器件有什么影响？

2. 贴片时，常出现元件不能检测、显示无元件或激光识别错误，请分析其原因。（四项以上得满分）

3. 预热的作用是什么？

4. 简述 AOI 设备安全及操作注意事项。

5. 请简述点胶时出现滴漏现象的原因以及解决方法。

考点名称：________ 单位：________ 考号：________ 姓名：________

电子装联职业技能理论知识考核试卷二

注 意 事 项

1. 首先按要求在试卷的标封处填写您的姓名、考号、单位和考点名称。
2. 请仔细阅读各种题目的回答要求，在规定的位置填写您的答案。
3. 请用蓝色（或黑色）钢笔、圆珠笔答卷，不要在试卷内填写与答案无关的内容。
4. 本试卷满分为 100 分；考试时间为 60 分钟。

题号	一	二	三	四	总分
得分					

得分	
评分人	

一、判断题（每题 1 分，共 10 分。在（ ）内，打“√”或“×”）

1. 防静电腕带所起的作用只不过是将人体静电流出，因此作业人员在接触到 PCB 时，可以不戴。（ ）
2. 尽管静电荷产生的电场会对空气中的灰尘有吸附作用，但灰尘不会降低元器件、单板或器件的绝缘阻抗，不影响电性能。（ ）
3. 焊膏的两大主要成分：合金粉末占 90%左右，糊状焊剂占 10%左右。（ ）
4. 焊膏快速解冻，必须要用高温加热。（ ）
5. 再流焊炉的冷却速度越快，焊点的焊接质量越好。（ ）
6. 选择性波峰焊针对整板不同的焊点可实施不同的焊接参数。（ ）
7. 采用 BGA 返修站返修 BGA 器件时，模拟的是再流焊炉的温度曲线。（ ）
8. AOI 的检测原理是：利用光学中的光的反射原理。（ ）
9. 在运行过程中，针头刮弯时可将针头扶正接着生产。（ ）
10. 常见螺丝锁付异常报警有浮锁和滑牙。（ ）

得分	
评分人	

二、单项选择题（每题 1 分，共 30 分）

1. 下列哪些元件属于静电敏感元件？（ ）
   A. 电阻　B. 电容　C. 三极管及 IC　D. 连接器
2. 通常，防静电中的环境要求静电电压的绝对值应小于（ ）。
   A. 150 V　B. 100 V　C. 250 V　D. 300 V
3. 下列不属于物料编码的作用的是（ ）。
   A. 有利于 ERP 系统管理　B. 便于物料的领用
   C. 提高物料管理的效率　D. 改善生产品质
4. 作业指导书里面不应该体现的企业核心是（ ）。
   A. 质量核心　B. 品质核心　C. 效率核心　D. 老板核心

5. PCB 使用前操作不正确的是（　　）。

A. 检查张力是否达标　　B. 检查有无翘曲

C. 检查有无受潮　　D. 检查焊盘表面有无氧化

6. 制定实施 SMT 工艺规程，保证工艺过程受控，确保产品的质量和生产效率，是（　　）的职责。

A. 设备工程师　B. 质量工程师　C. 工艺工程师　D. 物料员

7. 图示器件的第一引脚位于（　　）。

A. A　B. B　C. C　D. D

8. 图示元器件包装方式为（　　）。

A. 编带　B. 散装　C. 管装　D. 托盘

9. 保证贴装质量的三要素是（　　）。

A. 元件正确、位置准确、温度适中

B. 元件正确、焊膏选择合适、压力（贴片高度）合适

C. 元件正确、位置准确、焊膏选择合适

D. 元件正确、位置准确、压力（贴片高度）合适

10. 焊膏实际只有（　　）h 的黏性时间。

A. 2　B. 4　C. 6　D. 8

11. 以下不属于印刷机结构的是（　　）。

A. 刮刀系统　　B. 模板清洁系统

C. PCB 定位系统　　D. 贴装头系统

12. 以下哪个不是印刷机的常规技术参数？（　　）

A. 单板用时　B. 冷却速度　C. 清洗方式　D. 脱模速度

13. 通常电子制造手工焊接的时间为（　　）。

A. 越长越好　B. 越短越好　C. 3 ~ 5 s　D. 2 ~ 3 min

14. 不属于选择性波峰焊预热类型的是（　　）。

A. 红外预热　　B. 热风预热

C. 热板接触式预热　　D. 热空气和辐射相结合

15. 再流焊炉元器件更换、制程条件变更是否需要重新测量炉温曲线？（　　）

A. 不需要　　B. 需要

C. 仅元器件更换需要　　D. 仅制程条件变更需要

16. 不属于能够帮助焊点快速升温的措施是（　　）。

A. 降低加热控制器功率　　B. 增大受热面积

C. 预热　　D. 增大加热控制器功率

17. 不属于焊锡特性的是（　　）。

A. 熔点比其他金属低　　B. 高温时流动性比其他金属好

C. 物理特性能满足焊接条件　　D. 低温时流动性比其他金属好

18. 熔化焊膏，使焊料沿元器件焊端或引脚爬升，实现元件与焊盘的结合，属于再流焊中（　　）的作用。

A. 预热区　　B. 保温区　　C. 焊接区　　D. 冷却区

19. 以下哪一项属于 SMT 设备 CCD 摄像头的分辨率？（　　）

A. 红度分辨率　　B. 绿度分辨率　　C. 蓝度分辨率　　D. 灰度分辨率

20. 图示焊接缺陷属于（　　）。

A. 锡珠　　B. 桥连　　C. 芯吸　　D. 立碑

21. BGA 返修时，PCB 爆板的原因不包含以下哪点？（　　）

A. PCB 湿度过高　　B. 返修时加热温度过高

C. PCB 品质不良　　D. 返修时返修流程中断

22. 在 SMT 生产线体中，AOI 应用场景不包含下列哪一项检查？（　　）

A. 印刷机前　　B. 再流焊前　　C. 再流焊后　　D. 贴片机后

23. 常规无铅制程的 BGA 器件焊接时的温升斜率一般不超过（　　）。

A. 2 ℃/s　　B. 3 ℃/s　　C. 4 ℃/s　　D. 5 ℃/s

24. AOI 用于再流焊，未焊接之前不需要检测(　　)类型的不良。

A. 翻件　　B. 锡少　　C. 错件　　D. 偏移

25. 以下哪个不是常用的国际扭矩单位？（　　）

A. N・m　　B. kgf・cm　　C. MPA　　D. N・cm

26. 点胶针头内径大小一般选择胶点的（　　）。

A. 4 倍　　B. 1 倍　　C. 1/2　　D. 1/4

27. 在自动点胶工艺中，针头距离点胶工件表面的高度一般为（　　）。

A. 2 倍　　B. 0.5～2 倍　　C. 0.3～1 倍　　D. 以上都可

28. 以下哪个不是常用的螺丝筛选供料方式？（　　）

A. 滚筒供料　　B. 阶梯上料　　C. 震动盘上料　　D. 输送线上料

29. 普通电批判断滑牙是通过哪个参数判断？（　　）

A. 吸附延时　　B. 锁前延时　　C. 最短锁付时间　　D. 最长锁付时间

30. PCB 补强时如果要求 3D 点硅胶应用，采用哪类机型比较适合？（　　）

A. 三轴　　B. 四轴　　C. 五轴　　D. 六轴

得分	
评分人	

三、多项选择题（10 题，每题 1 分，共 10 分：每题的备选答案中，有两个或两以上符合题意的答案，请将其编号填相应空格内，错选、多选、少选均不得分）

1. 作业指导书的作用是（　　）。

A. 作业指导书是质量改进的基础

B. 作业指导书是质量和安全责任事故调查的最根本文件

C. 作业指导书是定岗定员和工作分析的基础

D. 作业指导书有利于 ERP 系统管理

2. 先进的管理工具包括（　　）。

A. 5S　　B. 看板管理　　C. 生产线平衡　　D. 目视化管理

3. 贴片机编程优化的主要任务是（　　）。

A. 送料器设计优化　　B. 吸取贴片顺序优化

C. 贴片点数及时间平衡优化　　D. 减少贴片偏移

4. 以下属于印刷不良的有（　　）。

A. 拉尖　　B. 错件　　C. 连锡　　D.塌陷

5. 以下属于再流焊炉结构件的有（　　）。

A. 助焊剂喷涂装置　　B. PCB 传送导轨

C. 冷却装置　　D. 加热系统

6. 选择性波峰焊获得高可靠性焊点的优势有（　　）。

A. 表面洁净度高　B. 通孔填充率高　C. 焊点强度高　　D. 直通低

7. 属于视觉检查的方法主要包括（　　）。

A. 人工目测　　B. AOI　　C. AXI　　D. ICT

8. 焊接中锡珠产生的主要原因为（　　）。

A. 温度曲线上升斜率过大　　B. 焊膏粘度过低

C. 焊膏变质　　D. 冷却斜率过快

9. 点胶简易法则中，以下哪几项正确？（　　）

A. 小胶点——小针头，低压力，短的时间间隔

B. 大胶点——大针头，高压力，长的时间间隔

C. 黏稠流体——斜式针头，高压力，足够的时间

D. 水性流体——小针头，低压力，短的时间

10. 扭矩测试仪是用来点检扭矩的，可以测量哪些值？（　　）

A. 差值　　B. 峰值　　C. 平均值　　D. 实时值

得分	
评分人	

四、简述题（每题 10 分，共 50 分）

1. 烟雾净化系统对比传统管道的优势是什么？

2. 贴片时，常出现元件不能检测、显示无元件或激光识别错误，请分析其原因（四项以上得满分）。

3. 写出自动焊接的程序编辑与加工流程。

4. 不合格品控制的具体要求是什么？

5. 请简单说明为什么 PCB 板上需要用到补强胶。

七、操作技能考核试卷样例

电子装联职业技能操作技能考核试卷

姓名：__________认证考号：___________认定等级：__________ 操作时限：120 分钟

结合电子装联职业技能训练板（dzzl-01）和贴装元器件及辅材，如图 1 所示，物料见表 1。按照以下五个工作领域任务的技能认定要求，完成实操作业。

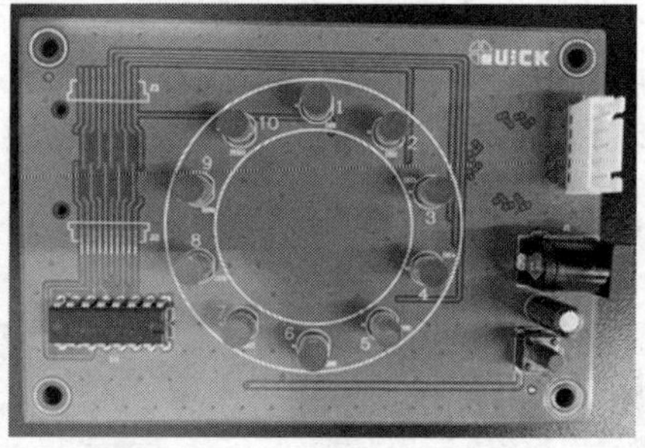

图 1　基板 dzzl-01 示意图

表 1　基板 dzzl-01 物料表

序号	品号	名称	规格型号	位号	封装	用量	备注
1	104H002175	电路板	TestBoard-1+X-线路板-V1.1	PCB	–	1	
2	105H100073	贴片电阻	0805-511/环保（510 Ω）	R1、R2、R3、R4、R5、R6、R7、R8、R9、R10	0805	10	再流焊
3	105H100055	贴片电阻	0603-000/环保（0 Ω）	R11、R12、R13、R14、R15、R16、R17、R18、R19、R20	0603	10	再流焊
4	105H100020	贴片电阻	0603-274/环保（270 kΩ）	R22、R23、R24、R25	0603	4	再流焊
5	105H100041	贴片电阻	0603-513/环保（51 kΩ）	R21	0603	1	再流焊
6	109H100377	贴片 IC	SC6820/BGA	U3	BGA	1	返修台
7	109H100376	贴片 IC	HT1621BQ/LQFP48	U4	LQFP48	1	再流焊
8	109H100030	贴片 IC	NE555DR/环保	U2	SOP	1	再流焊
9	106H100148	贴片电容	0603-105/环保（1 μF）	C2	0603	1	再流焊

续表

序号	品号	名称	规格型号	位号	封装	用量	备注
10	108H000076	贴片三极管	3904(长电)/环保	Q1	3904	1	再流焊
11	106H300057	插件电容	CD11-25V-476/环保（47 μF）	C1	RB-2.0/5.0	1	选波焊
12	109H100375	插件 IC	CD4017/DIP16	U1	DIP16	1	选波焊
13	111H001512	五芯插座	XH5A/环保/E241222	J4	XH-5A	1	机器人焊
14	111H000373	电源插座	DC-4702.0	J1	DC-005	1	选波焊
15	111H000290	按键开关	DTS-61N/环保	K1	6 mm×6 mm 插件	1	选波焊

1. 装联准备认证要求

1.1 环境稽核认证要求

针对基板 dzzl-01 贴装任务，请根据以下考评要求，检查确认生产车间的温度、湿度等环境是否满足贴装生产要求，并将检查结果记录到相关表 2 中。

在考评员的指引下，请分别检查车间图 2、图 3、图 4 中 A、B、C 三只温湿度仪表的读数，判定哪只表的读数符合车间生产要求，并将检判结果栏记录到表 2 中，符合记录“√”，不符合记录“×”。

图 2　A

图 3　B

图 4　C

表 2　车间温湿度记录表

序　号	事　项	A 温湿度仪表	B 温湿度仪表	C 温湿度仪表	得　分
1	检查数据				
2	检判结果				

1.2 静电防护认证要求

在考评员的指引下，请完成以下车间静电防护检查任务，并把检测数据、检判结果记录到表 3 中。

1.2.1　在车间指定的返修工位上，抽取 1pcsPCBA，选用合适的检测仪表，检测其表面静电电压，判定其静电是否会影响其性能，有影响记录“是”，无影响记录“否”。

1.2.2　在车间指定返修工位上，戴上防静电腕带，选用合适的检测仪表，测量防静电腕带与地接触状态是否良好，状态良好记录“是”，状态异常记录“否”。

1.2.3　在车间指定返修工位上，查验离子风机所在的位置能否有效防护工位台面上的待修PCBA静电影响，检判结果记录在表中，位置正确记录“是”，位置异常记录“否”。

表3　车间静电防护查验表

序　号	事　项	检测数据	检判结果	得　分
1	PCBA表面静电电压测试			
2	防静电腕带与地接触状态检测			
3	离子风机位置检查			

1.3　物料标码认证要求

结合基板dzzl-01贴装任务，请查验贴装BOM、贴装物料准备情况，并准备贴装训练板刻制码标，具体任务如下：

1.3.1　仔细查验考评员给定的A、B、C三张物料表，判定哪张物料表与基板dzzl-01贴装物料最相符。（提示，从A、B、C中选1个）

1.3.2　对照表1“基板dzzl-01物料表”，查验给定的贴装物料是否与其一致，把多出的一个料和缺少的1个料记录在表4中。多出的料在检判结果栏记录“是”，缺少的料在检判结果栏记录“否”。

表4　贴装物料查验记录表

序号	物料名称	规格型号	封　装	检判结果	得　分
1					
2					

2. 基板贴装认证要求

2.1　印刷涂敷认证要求

请依据基板dzzl-01贴装任务要求，完成以下锡膏印刷任务：

2.1.1　锡膏印刷工位回温架置放已回温好的锡膏，请在表5中依次填写回温时间、开封时间，同时打开选定锡膏，用搅刀搅拌锡膏，确认搅拌效果，并把确认选用锡膏号和确认搅拌锡膏效果记录在表5中。

表5　锡膏选用记录表

填写回温时间、开封时间	确认锡膏搅拌效果	得分

2.1.2　按下述要求完成相关任务。

（一）印刷工位台上有一个磨损严重的刮刀头急需更换刮刀片，请按正确的操作步骤更换好新的刮刀片，并安装到印刷机上。

（二）锡膏印刷工位上，在考评员给定的A、B、C三张钢网中，请选出最适合本次印刷作业的钢网号，外观检查钢网是否有异常，检查过程拍照记录到表6中，确认张力达到印刷要求后，再安装钢网到印刷机上。

表 6　钢网选用记录表

钢网号	钢网外观检查实拍图	得分

（三）表 7 是一份模拟定制钢网信息表，请对照基板 dzzl-01 贴装任务要求，结合印刷设备，确认相关数据信息，并将表 7 中相关信息后的“□”涂黑

表 7　钢网定制信息表

印刷机名称规格	品牌型号＿＿＿＿＿＿
适用锡膏	无铅□　　无铅□
适用刮刀	橡胶□　　钢质□
钢网外框尺寸	450 mm × 520 mm□　735 mm × 735 mm□　650 mm × 650 mm□
钢网厚度	0.08 mm□　0.10 mm□　0.13 mm□　0.15 mm□
钢网制作工艺	激光□　　激光+电抛光□
Mark 点位置	钢网底部□　钢网中部□
Mark 形状	方形□　　圆形□
开孔信息	
CHIP 防锡珠	与丝印焊盘 1∶1□　与丝印焊盘 1∶1.05□
小型晶体管	与丝印焊盘 1∶1□　与丝印焊盘 1∶1.06□
SOP、BGA 引脚	引脚外延 6 mil□　引脚外延 12 mil□

2.1.3　请调用出基板 dzzl-01 锡膏印刷程序，优化基板尺寸及 Mark 点坐标，并把主要参数信息记录在表 8 中。

表 8　基板 dzzl-01 锡膏印刷程序参数信息记录表

序号	印刷参数	记录数据	得分
1	基板尺寸	长（　）　宽（　）	
2	Mark 点坐标	X1（ ）Y1（ ）X2（ ）Y1（ ）	
3	刮刀压力	（　）	
4	刮刀速度	（　）	
5	脱模距离	（　）	
6	脱模速度	（　）	

2.1.4　按下述要求完成相关任务。

（一）考评员确认印刷程序正确后，添加锡膏至钢网上，请确认锡膏添加量是否达到印刷要求，并拍照记录在表 9 中。

表 9　锡膏添加记录表

（添加锡膏效果实拍图）	得分

（二）在印刷工位上放置一张锡膏印刷缺陷图集，请您目视该图集，并在表 10 中填写正确的缺陷名称。

表 10　锡膏印刷缺陷图集

序号	印刷缺陷图形	缺陷名称	得分
1			
2			
3			
4			
5			
6			
7			

（三）目视检查给定的某基板 A 局部焊盘上锡膏印刷的品质，请判定缺陷名称，并分析产生原因，记录于表 11 中。

表 11　锡膏目视检测及缺陷原因分析记录表

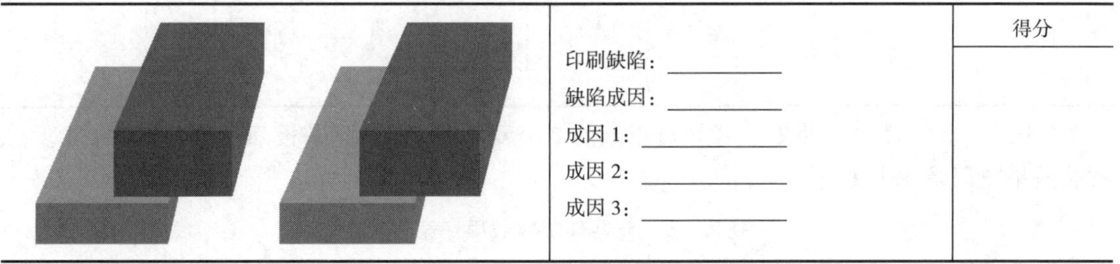

		得分
	印刷缺陷：__________ 缺陷成因：__________ 成因 1：__________ 成因 2：__________ 成因 3：__________	

2.2　贴片编程认证要求

请依据基板 dzzl-01 贴装任务要求，完成以下贴片编程任务：

2.2.1　设定基板 dzzl-01 的贴片点坐标。制作 Mark 点坐标，并记录其主要信息于表 12 中。

表 12　基板 dzzl-01Mark 点记录表

序号	Mark1	Mark2	得分
1	X1______	X2______	
2	Y1______	Y2______	
3	亮度值______	亮度值______	

2.2.2 设定贴片元件站位号、吸嘴号。按照考评员指定的基板 dzzl-01 的某 2 个贴片点（如 C2、U2）为例，制作该点（如 C2、U2）的贴片坐标，优化该坐标，选择这 2 个贴片点元件供料器站号和元件吸嘴号，供料并记录其主要信息于表 13 中。

表 13 基板 dzzl-01 贴片点相关信息记录表

序号	贴片点 1 坐标	贴片点 2 坐标	得分
1	对应元件 C2	对应元件 U2	
2	X1______	X2______	
3	Y1______	Y2______	
4	角度______	角度______	
5	供料器站号______	供料器站号______	
6	吸嘴号______	吸嘴号______	

2.3 贴片操作认证要求

请依据基板 dzzl-01 贴装任务要求，完成以下贴片操作任务：

2.3.1 按照考评员指定的某 2 个元器件（如 C2、U2），选择合适供料器，安装元器件至相应供料器上，并将供料器置放到贴片机供料台指定站号上，拍照记录在表 14 中。

表 14 元器件供料器站位信息记录表

信息事项	元器件 1	元器件 2	得分
元器件安装到供料器效果照片			

2.3.2 调试贴片机。将上述考评员指定的 2 个元器件，贴装到基板 dzzl-01 指定的焊盘上，贴装效果图记录在表 15 中。

表 15 元器件吸料效果记录表

信息事项	元器件 1	元器件 2	得分
元器件贴装效果照片			

2.3.3　补全表 16 中的贴片缺陷名称。

表 16　贴片缺陷图集

序号	贴片缺陷图形	缺陷名称	元件 1 检查结果	元件 2 检查结果	得分
1					
2					
3					
4					
5					
6					

2.3.4　目视检查给定的某基板局部贴片示意图，判定缺陷名称，并将分析原因记录于表 17 中。

表 17　贴片缺陷判定与原因分析记录表

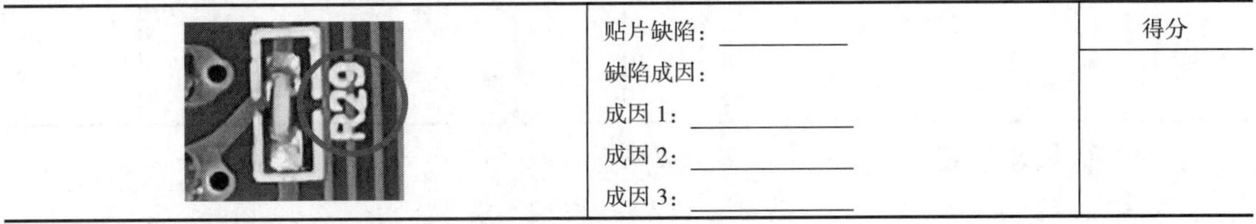

	贴片缺陷：________ 缺陷成因： 成因 1：________ 成因 2：________ 成因 3：________	得分

2.3.5　在考评员老师指引下，请拆下上述贴装其中 1 个元件的吸嘴，进行清洁保养，再安装至贴片机上，拍照记录主要保养步骤于表 18 中。

表 18　吸嘴清洁保养作业记录表

序号	保养步骤名称	保养图示	得分
1			
2			
……			

3. 基板焊接认证要求

3.1　再流焊接认证要求

请依据基板 dzzl-01 焊接任务要求，完成以下再流焊接任务：

3.1.1　表 19 中图(a)是针对基板 dzzl-01 制作的测温板待检示意图，请检查该测温板制作是否符合测试要求，如不符合，请改善，并将改善后的测温板拍照记录在表 19 中图（b）处。

表 19　测温板改善记录表

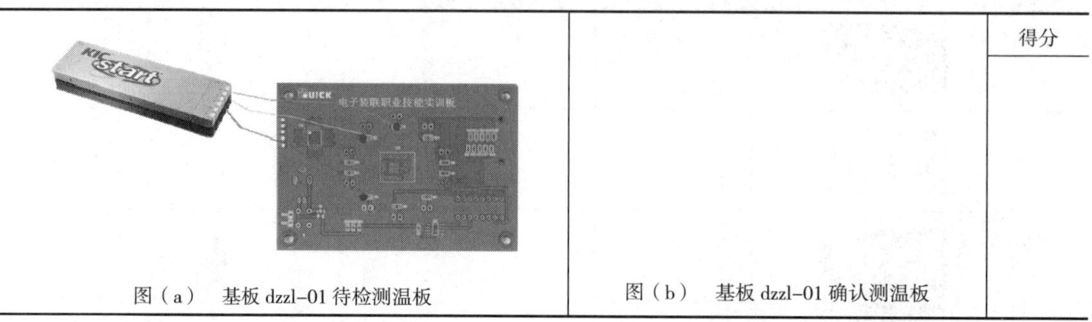

图（a）　基板 dzzl-01 待检测温板　　图（b）　基板 dzzl-01 确认测温板

3.1.2　表 20 图（a）显示的是打开炉子，调用的基板 dzzl-01 设定的炉温曲线待检示意图，请选择专用炉温测试仪和上述确认的炉温测试板，测试炉温，检查该炉温曲线是否符合基板 dzzl-01 要求，如不符合，请调试改善，并将设定的炉温参数以及调试后的炉温曲线拍照记录在表 20 图（b）处。

表 20　炉温曲线改善记录表

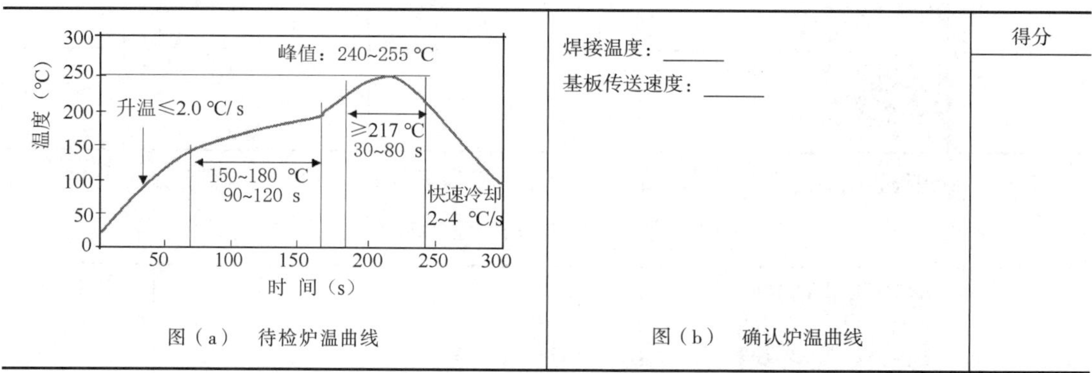

图（a）　待检炉温曲线　　图（b）　确认炉温曲线

3.1.3　补全表 21 再流焊接缺陷图集中的缺陷名称。

表 21　再流焊接缺陷图集

序号	再流焊焊点缺陷	缺陷名称	得分
1			
2			
3			
4			

续表

序号	再流焊焊点缺陷	缺陷名称	得分
5			
6			

3.1.4　表 22 是给定的某一再流焊接 PCBA 焊点局部示意图，请检查判定焊点缺陷类型，记录在表 22 中，并分析焊点缺陷产生的主要原因。

表 22　PCBA 再流焊接局部焊点焊接缺陷分析记录表

		得分
	焊点缺陷：________ 缺陷成因： 成因 1：________ 成因 2：________ 成因 3：________	

3.2　选择性波峰焊接认证要求

请分析基板 dzzl-01 中 C1、U1、J1、K1、DS1、DS2、DS3、DS4、DS5、DS6、DS7、DS8、DS9、DS10 等焊点特征，完成以下选择性波峰焊接任务：

3.2.1　选用合适的波峰喷嘴，拍照记录在表 23 中。

表 23　选择性波峰焊接喷嘴选择记录表

	得分
（选择性波峰焊接选用喷嘴）	

3.2.2　设定正确的选择性波峰焊接炉温参数，并记录在表 24 中。

表 24　选择性波峰焊接炉温参数记录表

序号	设定参数	参数值	得分
1	预热温度		
2	传输速度		
3	波峰温度		
4	波峰波高		

3.2.3　编辑焊点焊接轨迹，并拍照记录在表 25 中。

表 25　选择性波峰焊接焊点轨迹曲线记录表

	得分
（选择性波峰焊接焊点轨迹曲线）	

3.2.4　表 26 是考评员给出的某一选择性波峰焊接 PCBA 焊点局部示意图，请检查判定焊点缺陷类型，记录在表 26 中，并分析焊点缺陷产生的主要原因。

表 26　PCBA 选择性波峰焊接局部焊点焊接缺陷分析记录表

		得分
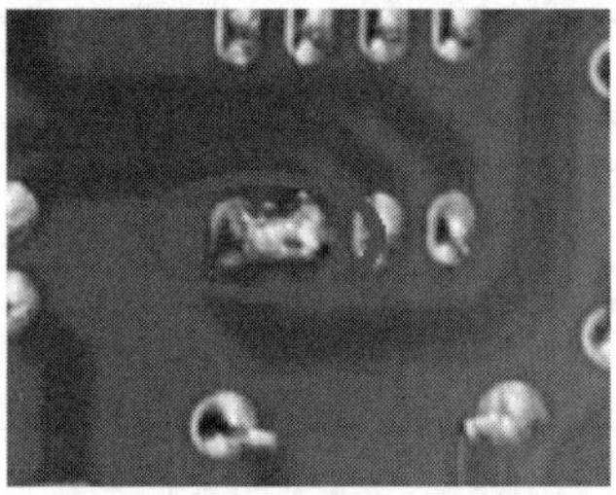	焊点缺陷：________ 缺陷成因： 成因 1：__________ 成因 2：__________ 成因 3：__________	

3.3　机器人焊接认证要求

请分析基板 dzzl-01 中 J4 焊点特征，完成以下机器人焊接任务：

3.3.1　机器人焊接工位上放置 A 号、B 号、C 号锡丝，请选出最合适 J4 焊点的锡丝，并安装到机器人工作位置，安装效果拍照记录于表 27 中。

表 27　焊接机器人锡丝安装效果记录表

	得分
焊锡丝号：________品牌：________型号：________规格：________ （焊接机器人锡丝安装）	

3.3.2　机器人焊接工位上放置 1 号、2 号、3 号焊嘴，请选出最合适 J4 焊点的焊嘴，并安装到机器人工作位置，安装效果拍照记录于表 28 中。

表 28　焊接机器人焊嘴安装效果记录表

	得分
焊嘴号：__________型号：__________规格：__________ （焊接机器人焊嘴安装）	

3.3.3　设定焊接温度，并选用专用仪表，校准该温度，拍照记录在表 29 中。

表 29　焊接机器人焊接温度记录表

设定温度	＿＿＿＿℃ （温控器温度设定图）	得分
校准温度	＿＿＿＿℃ （温度校准图）	得分

3.3.4　设定机器人焊接参数，并记录在表 30 中。

表 30　焊接机器人焊接参数记录表

焊接参数	设定值	得分
1 次高度		
1 次送料		
1 次延时		
2 次高度		
2 次送料		
2 次延时		
3 次高度		
3 次送料		
3 次延时		

3.3.5　启动机器人焊接程序，焊接 J4，查验焊点品质，确认焊点质量完好后，拍照记录于表 31 中。

表 31　机器人焊接 J4 焊点效果记录表

（J4 焊点焊接效果图）	得分

4. 基板检修认证要求

4.1　基板检测认证要求

请依据基板 dzzl-01 焊接任务要求，完成以下检测任务：

4.1.1　打开 AOI 新建，制作 dzzl-01 基板的 Mark 点，制作完毕，其效果图拍照记录在表 32 中。

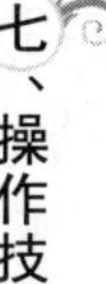

表 32　dzzl-01 基板 Mark 点记录表

	得分
（dzzl-01 基板 Mark 点图）	

4.1.2　对 HT1621BQ/LQFP48 器件注册，制作完毕，其效果图拍照记录在表 33 中。

表 33　HT1621BQ/LQFP48 器件注册信息记录表

	得分
（HT1621BQ/LQFP48 器件注册信息图）	

4.1.3　调用 AOI 基板 dzzl-01 检测程序，查询检测统计该基板最近 12 h 内出现偏移缺陷的检测数据，结果记录在表 34 中。

表 34　焊点缺陷品检记录表

不良位号	缺陷数量	元件名称	得分

4.1.4　该基板检测程序调试稳定后，突然出现误判多，请重新调整，排除此故障现象，操作步骤要点记录在表 35 中。

表 35　测试路径优化操作步骤记录表

序号	步骤名称	操作要点	得分
1			
2			
3			
4			

4.1.5　用 dzzl-0-c1 的 AOI 检测程序检查，位号 R21 总显示“偏移”缺陷，人工复判无“偏移”，请优化该检测程序，消除此误判现象，优化后信息记录在表 36 中。

表 36　AOI 检测程序优化信息记录表

序号	优化信息	得分
1		
……		

4.2　基板返修认证要求

图 5 是待返修的 dzzl-01 基板，请针对返修标记元器件，完成以下返修任务：

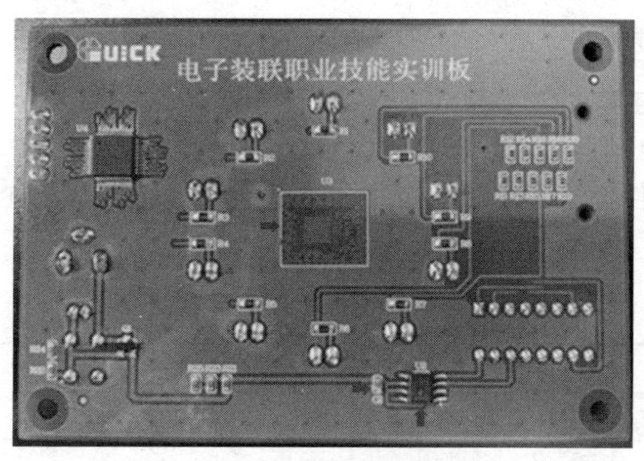

图 5　待返修基板

4.2.1　在返修工位上，用电烙铁或其他工具，从 A 号、B 号、C 号烙铁头和 1 号、2 号、3 号焊锡丝中，分别选用最合适的烙铁头和锡丝，返修位号 C2 元件，返修过程记录在表 37 中。

表 37　C2 元件返修信息记录表

选用烙铁头	选用焊锡丝	C2 返修后效果图	得分

4.2.2　在返修工位上，用热风枪或其他返修工具，从 A 号、B 号、C 号焊嘴和 1 号、2 号、3 号焊锡丝中，分别选用最合适的焊嘴和焊锡丝，返修位号 U2 器件，返修过程记录在表 38 中。

表 38　U2 返修信息记录表

选用焊嘴	选用焊锡丝	热风枪温度	热风枪风速	U2 返修后效果图	得分

4.2.3　在返修工位上，放置有带 BGA 的 dzzl-01 基板，检查发现，该 BGA 焊点出现虚焊现象。请用工位上现有的治具、辅材和 BGA 专用返修台，返修该 BGA 焊点，解决虚焊现象，并按表 39 要求记录主要返修环节。

给定治具及主辅材料：治具，A 号、B 号、C 号各 1 个；焊锡球，1 号、2 号、3 号各 1 瓶；免清洗助焊膏 1 支。

表 39　U3 返修主要环节记录表

<table>
<tr><th>序号</th><th colspan="2">返修环节</th><th>作业要求</th><th>效果图片</th><th>得分</th></tr>
<tr><td rowspan="4">1</td><td rowspan="4">返修准备</td><td>焊锡球选择</td><td></td><td>——</td><td rowspan="4"></td></tr>
<tr><td>治具选择</td><td></td><td>——</td></tr>
<tr><td>烘干</td><td></td><td>——</td></tr>
<tr><td>焊接曲线</td><td></td><td></td></tr>
<tr><td>2</td><td colspan="2">拆卸</td><td></td><td></td><td></td></tr>
<tr><td>3</td><td colspan="2">植球</td><td></td><td></td><td></td></tr>
<tr><td>4</td><td colspan="2">焊接</td><td></td><td></td><td></td></tr>
<tr><td>5</td><td colspan="2">检查</td><td></td><td></td><td></td></tr>
</table>

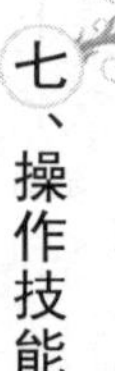

5. 基板装联认证要求

5.1 基板点胶认证要求

请依据基板 dzzl-01 焊接任务要求，完成 C1 元件补强任务：

5.1.1 分析 C1 元件特征，调用 dzzl-01 点胶程序，优化调试该点胶程序，并记录主要参数于表 40 中。

表 40 点胶参数记录表

点胶参数	设定值	得分
点胶压力		
点胶时间		
点胶速度		
点胶高度		

5.1.2 针对 C1 元件焊点补强，请正确选用针头、胶筒和胶水，选择结果记录在表 41 中。

给定附件及主辅材料：针头，A 号、B 号、C 号各 1 个；胶筒，1 号、2 号、3 号各 1 支；口述胶水的选择。

表 41 点胶信息记录表

序号	点胶信息	作业效果	得分
1	针头选择		
2	胶筒选择		
3	胶水选择		

5.1.3 用自动点胶机，实施 C1 元件补强作业，点胶胶点效果拍照记录在表 42 中。

表 42 点胶效果记录表

	得分
（点胶效果图）	

5.1.4 补齐表 43 中的点胶缺陷。

表 43 点胶缺陷图

序号	点胶缺陷	缺陷名称	得分
1			
2			

续表

序号	点胶缺陷	缺陷名称	得分
3			
4			
5			
6			

5.1.5　表 44 是给定的某一 PCBA 局部焊点胶水补强示意图，请检查判定胶点缺陷类型，记录在表 44 中，并分析胶点缺陷产生的主要原因。

表 44　PCBA 选择性波峰焊接局部焊点焊接缺陷分析记录表

		得分
	胶点缺陷：________ 缺陷成因： 成因 1：____________ 成因 2：____________ 成因 3：____________ ……	

5.2　基板锁付认证要求

图 6 是待锁付基板 dzzl-01 示意图，锁付位置为 H1、H2、H3、H4，请完成以下锁付任务：

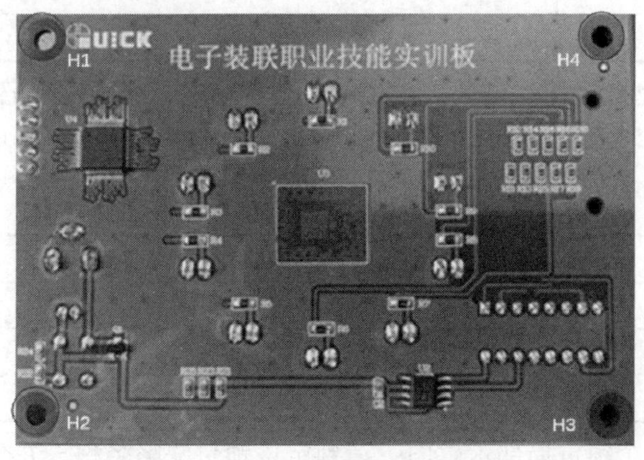

图 6　待锁付基板

5.2.1　分析基板结构及锁付位置特征，从给定的批头、吸嘴、吸嘴组件中，选用最适合规格，安装到锁付机器人上，安装效果图拍照记录于表 45 中。

给定材料：批头，A1、A2 号、A3 号各 1 个；吸嘴，B1 号、B2 号、B3 号各 1 个；吸嘴组件，C1、C2、C3 各 1 支。

表 45　锁付机器人批头、吸嘴、吸嘴组件记录表

名称	选用	得分
批头		
吸嘴		
吸嘴组件		
（安装效果图）		

5.2.2　调用基板 dzzl-01-c 智能电批参数，查验优化，确认参数记录于表 46 中。

表 46　智能电批参数设定记录表

序号	参数名称		确认值	得分
1	寻帽步骤	速度		
		角度		
2	角度步骤	速度		
		角度		
3	扭矩步骤	扭矩		
4	拧松设置	反转转矩		

5.2.3　选用扭矩测试仪校准设定扭矩，分析校准结果，并记录于表 47 中。

表 47　智能电批扭矩校准记录表

序号	设定值（T3）	测试结果	校准误差	得分
1	一次校准值			
2	二次校准值			
3	三次校准值			

5.2.4　检查螺丝型号规格，测试供料机出料是否稳定，测试过程记录于表 48 中，稳定记录“是”，不稳定记录“否”。启动该基板锁付程序，实施基板板锁付。

表 48　锁付机器人供料器测试记录表

名称	测试值	得分
螺丝规格		
测试操作		
一次测试结果		

5.2.5　表 49 是一个锁付局部示意图，请判定该锁付缺陷名称，并分析其原因。

表 49　局部锁付缺陷分析记录表

		得分
	缺陷名称：________ 缺陷成因： 成因 1：________ 成因 2：________ 成因 3：________	

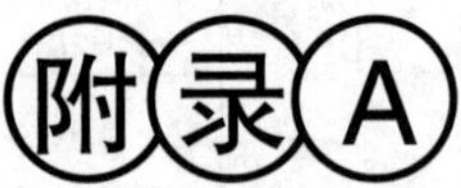

理论知识考核试题答案

（一）判断题

工作领域一　装联准备

1. √　2. √　3. ×　4. ×　5. ×
6. ×　7. ×　8. ×　9. ×　10. √
11. √　12. √　13. ×　14. √　15. √
16. ×　17. ×　18. √　19. ×　20. ×
21. √　22. √　23. ×　24. ×　25. √
26. √　27. √　28. ×　29. ×　30. ×
31. ×　32. √　33. √　34. √　35. √
36. √　37. √　38. ×　39. ×　40. √
41. √　42. ×　43. √　44. √　45. ×
46. √　47. ×　48. ×　49. ×

工作领域二　基板贴装

1. √　2. √　3. √　4. √　5. √
6. √　7. √　8. ×　9. ×　10. √
11. √　12. ×　13. ×　14. ×　15. ×
16. ×　17. √　18. √　19. ×　20. √
21. √　22. √　23. ×　24. √　25. √
26. ×　27. √　28. √　29. √　30. √
31. √　32. √　33. √　34. √　35. √
36. √　37. √　38. √　39. ×　40. √
41. ×　42. ×　43. √　44. √　45. √
46. √　47. ×　48. √　49. √　50. ×
51. √　52. √　53. √　54. √　55. √
56. ×　57. √　58. √　59. √　60. ×
61. ×　62. ×　63. √　64. ×　65. ×
66. ×　67. ×　68. ×　69. ×　70. √
71. √　72. ×　73. ×　74. √　75. ×

76. √　77. √　78. √　79. √　80. ×

81. ×　82. ×　83. ×　84. √　85. ×

86. ×　87. √　88. ×

工作领域三　基板焊接

1. ×　2. ×　3. √　4. √　5. √

6. √　7. ×　8. ×　9. ×　10. √

11. √　12. √　13. √　14. √　15. √

16. ×　17. √　18. √　19. √　20. √

21. √　22. √　23. ×　24. ×　25. √

26. ×　27. √　28. ×　29. √　30. √

31. √　32. √　33. ×　34. √　35. ×

36. ×　37. √　38. √　39. √　40. ×

41. √　42. √　43. ×　44. √　45. ×

46. √　47. ×　48. √　49. ×　50. ×

51. ×　52. √　53. ×　54. √　55. √

56. √　57. √　58. ×　59. ×　60. √

61. √　62. √　63. ×　64. ×　65. ×

66. ×　67. ×　68. ×　69. ×　70. ×

71. ×　72. ×　73. ×　74. ×　75. ×

76. ×　77. ×　78. √　79. ×　80. ×

81. √　82. √　83. ×　84. ×　85. √

86. ×　87. ×　88. √　89. √　90. √

91. √　92. √　93. √　94. ×　95. ×

工作领域四　基板检修

1. √　2. √　3. ×　4. ×　5. √

6. ×　7. √　8. √　9. √　10. √

11. ×　12. √　13. √　14. √　15. ×

16. ×　17. ×　18. √　19. √　20. ×

21. ×　22. √　23. √　24. √　25. √

26. ×　27. ×　28. ×　29. √　30. √

31. √　32. ×　33. ×　34. ×　35. √

36. √　37. √　38. √　39. √　40. ×

41. ×　42. √　43. √　44. ×　45. ×

46. √　47. √　48. √　49. ×　50. √

51. ×　52. √　53. √　54. √　55. √

56. √　57. √　58. ×　59. √　60. √

工作领域五　基板装联

1. ×　2. ×　3. ×　4. √　5. ×

6. ×　7. ×　8. √　9. √　10. √
11. ×　12. √　13. √　14. √　15. √
16. ×　17. √　18. ×　19. √　20. ×
21. √　22. √　23. √　24. ×　25. ×
26. √　27. ×　28. √　29. √　30. √
31. √

（二）单项选择题

工作领域一　装联准备

1. D　2. C　3. C　4. C　5. A
6. A　7. B　8. B　9. C　10. C
11. C　12. C　13. B　14. A　15. B
16. D　17. C　18. D　19. C　20. C
21. D　22. A　23. C　24. B　25. C
26. B　27. A　28. C　29. D　30. B
31. C　32. D　33. C　34. C　35. B
36. A　37. D　38. D　39. C　40. B
41. B　42. C　43. A　44. D　45. C
46. B　47. C　48. D　49. A　50. B
51. A　52. D　53. D　54. A　55. D
56. D　57. D　58. D　59. A　60. C
61. D　62. D　63. C　64. A　65. D
66. C

工作领域二　基板贴装

1. B　2. B　3. B　4. A　5. C
6. A　7. C　8. C　9. A　10. B
11. C　12. D　13. C　14. D　15. D
16. A　17. D　18. A　19. D　20. B
21. B　22. D　23. C　24. A　25. D
26. B　27. A　28. B　29. C　30. C
31. D　32. C　33. C　34. A　35. C
36. D　37. C　38. C　39. C　40. C
41. B　42. C　43. B　44. A　45. D
46. A　47. D　48. B　49. D　50. D
51. B　52. D　53. C　54. C　55. B
56. B　57. D　58. B　59. C　60. D
61. D　62. D　63. A　64. A　65. D

66. B	67. C	68. B	69. C	70. B
71. D	72. C	73. C	74. C	75. D
76. D	77. D	78. B	79. D	80. D
81. D	82. B	83. B	84. B	85. C
86. C	87. B			

工作领域三　基板焊接

1. C	2. C	3. A	4. D	5. A
6. D	7. C	8. C	9. B	10. B
11. A	12. C	13. D	14. D	15. D
16. A	17. B	18. B	19. C	20. C
21. B	22. C	23. A	24. B	25. D
26. D	27. B	28. A	29. D	30. B
31. B	32. A	33. C	34. C	35. C
36. B	37. A	38. C	39. B	40. A
41. B	42. C	43. A	44. B	45. C
46. C	47. B	48. D	49. B	50. B
51. C	52. B	53. D	54. B	55. B
56. A	57. A	58. B	59. D	60. C
61. C	62. A	63. C	64. D	65. A
66. D	67. D	68. D	69. C	70. C
71. A	72. A	73. A	74. D	75. B

工作领域四　基板检修

1. D	2. B	3. C	4. B	5. C
6. C	7. D	8. B	9. C	10. B
11. C	12. D	13. B	14. C	15. D
16. A	17. C	18. B	19. D	20. A
21. B	22. A	23. D	24. D	25. D
26. D	27. D	28. A	29. C	30. D
31. A	32. A	33. D	34. D	35. A
36. A	37. A	38. B	39. B	40. B
41. C	42. D	43. B	44. A	45. B
46. C	47. A	48. B	49. B	50. D
51. D	52. A	53. C	54. B	55. C
56. C	57. C	58. C	59. B	60. A
61. C	62. D	63. D	64. B	65. D
66. A	67. D	68. A	69. D	70. B

工作领域五　基板装联

1. C	2. D	3. D	4. D	5. D
6. A	7. A	8. C	9. C	10. B
11. C	12. D	13. D	14. C	15. C
16. A	17. B	18. C	19. A	20. C
21. C	22. C	23. C	24. D	25. B
26. B	27. B	28. A	29. C	30. D
31. C	32. D	33. D	34. D	35. A
36. A	37. B	38. C	39. B	40. D
41. D	42. B			

（三）多项选择题

工作领域一　装联准备

1. ABCD	2. ABCD	3. ABCD	4. ABCD	5. ABCD
6. ABC	7. ABCD	8. ABC	9. ABCD	10. ABCD
11. ABC	12. ABCD	13. ABCD	14. ABCD	15. ACD
16. ABC	17. ABD	18. ABCD	19. ABCD	20. ABCD
21. ABCD	22. ABCD	23. ABCD	24. CD	25. ABC
26. AB	27. ABCD	28. BD	29. BCD	30. AC
31. ABD	32. ABC	33. BC	34. ABD	

工作领域二　基板贴装

1. ABC	2. ABCD	3. ABCD	4. ACD	5. ABC
6. ABCD	7. ABCD	8. ABC	9. ABC	10. ABCD
11. ABCD	12. ABCD	13. ABCD	14. AB	15. ABC
16. ABCD	17. ABC	18. ACD	19. AB	20. BC
21. ABCD	22. ACD	23. ABCD	24. ABCD	25. ABC
26. ABC	27. ABCD	28. ABC	29. ABC	30. ABCD
31. ABD	32. ABC	33. ABCD	34. ACD	35. ABCD
36. ABC	37. ABCD	38. ABCD	39. ABCD	40. ACD
41. ABD	42. BCD	43. ABC	44. CD	45. ABCD
46. BCD	47. ACD	48. AB	49. ABC	50. ABC
51. ABD	52. AB	53. ABC	54. ABC	55. ABCD
56. ABCD	57. ABCD	58. ABC	59. ABCD	60. ABC
61. ACD	62. ABCD	63. AB	64. ABCD	65. ABCD
66. ABCD	67. ABCD	68. ABCD	69. ABCD	70. ABCD
71. ABCD	72. ABCD			

工作领域三　基板焊接

1. ABCD　2. ABCD　3. ABCD　4. ABC　5. ABCD
6. ABC　7. ABCD　8. BCD　9. ACD　10. ABCD
11. AB　12. ABD　13. AD　14. ABCD　15. ABCD
16. ABCD　17. ABCD　18. ABCD　19. ABC　20. ABC
21. ABCD　22. ABCD　23. ABCD　24. BCD　25. ABC
26. BCD　27. ABCD　28. ABCD　29. ABC　30. ABCD
31. ABC　32. ACD　33. ABCD　34. ABC　35. AC
36. ABCD　37. ABCD　38. ABC　39. ABD　40. ABCD
41. ABCD　42. ACD　43. AC　44. AB　45. ABCD
46. ABCD　47. ABCD　48. ABC　49. ABD　50. ACD
51. ABCD　52. ABCD　53. ABCD　54. ABD　55. ABCD
56. ABCD　57. ABCD　58. ABCD　59. ABD　60. ABCD
61. AB　62. ABCD　63. ABD　64. ABC　65. BCD
66. ABC

工作领域四　基板检修

1. ABC　2. ABCD　3. ABC　4. AD　5. ABCD
6. ABCD　7. ABC　8. BCD　9. ABC　10. ABC
11. ABC　12. ABCD　13. ABCD　14. ABC　15. ABD
16. ABCD　17. ABCD　18. ABD　19. ABC　20. ABC
21. ABCD　22. BCD　23. AB　24. ABCD　25. ABC
26. CD　27. ABCD　28. BCD　29. ABCD　30. ABCD
31. ABCD　32. BCD　33. AC　34. ABD　35. ABCD
36. BCD　37. ABD

工作领域五　基板装联

1. ABCD　2. AC　3. ACD　4. ABCD　5. AB
6. ABD　7. BCD　8. ABCD　9. ACD　10. ABD
11. ABD　12. ABCD　13. ABCD　14. ABC　15. BCD
16. ABCD　17. ABC　18. ABCD　19. ABCD　20. BD
21. ABCD　22. ABC　23. ABCD　24. ABCD　25. AD
26. ABCD　27. ABCD　28. ABC　29. AB　30. AC
31. ABC　32. ABCD　33. AB　34. ABCD　35. ABC
36. ABCD　37. ABCD

（四）简述题

工作领域一　装联准备

1. 答：

静电放电能引起元器件失效，这些失效包括：

（1）即时失效（硬击穿），此时元器件已完全不能工作。

（2）延时失效（软击穿），此时元器件还能工作，但已受到伤害，寿命缩短，会在工作期间过早失效。

2. 答：

传统管道式污染大，效率低，资源浪费严重，安装移动不方便，维护不方便；烟雾净化系统过滤效率高，环保，资源利用合理，安装调整方便，配件更换方便。

3. 答：

（1）防静电腕带的金属端贴紧腕部皮肤，调节松紧程度。

（2）线的一端连在传输地线上，注意不要松动。

4. 答：

（1）形成电荷，而电荷的产生是由于不同材料的表面分离或感应而起。

（2）要有足够的电位差，等电位情况下再多的电荷也不会发生放电。

5. 答：

（1）增进物料资料的准确性。

（2）提高物料管理的效率。

（3）有利于 ERP 系统管理。

（4）减少物料库存、降低成本。

（5）便于物料的领用。

6. 答：

（1）检查钢网外观是否有刮伤、毛刺、破损等。

（2）张力计归零，刻度回归零点。

（3）钢网水平地放在工作台上面，测试时不可以用手按压钢网。

（4）选取五个点——四个角及中间，四角应放置在离边距 15 ~ 20 cm 处。

（5）测试值在 35 N 以上达标，填写钢网张力记录表。

7. 答：

（1）人：佩戴防静电腕带、静电手套，穿静电服、静电鞋、静电帽。

（2）机：工作台面接地，设备有良好的接地。

（3）周转器具：采用防静电材料进行周转。

（4）环境：要求环境湿度在 30%~70%RH。

8. 答：

（1）激光器。（2）控制系统。

9. 答：

金属、木、塑料、纸张、布料。

工作领域二　基板贴装

1. 答：

贴装设备的适应性要求高、技术能力强体现在

（1）可扩展升级功能强。

（2）可操作性好、工作稳定可靠。

（3）产能高。

（4）柔性好。

2. 答：

（1）元件种类设置错误。

（2）元件尺寸设置错误。

（3）吸嘴选取不当。

（4）吸取元件的速度过快。

（5）吸取位置不正。

（6）Z 轴吸取高度不精确。

（7）料架不良。

（8）激光识别系统脏污或激光高度错误。

（9）吸嘴破损或堵塞。

3. 答：

（1）操作须佩戴静电手套及防静电腕带。

（2）上料、换料时，需与料单、机器上的显示程序相同，并有换料记录。

（3）定期检查并保持供料器清洁。

（4）检查吸嘴是否堵塞，保持其清洁。

（5）注意抛料状况检测。

（6）上料、贴片作业、贴片机操作机台上需有作业指导。

（7）做好日、周、月保养及记录。

4. 答：

（1）物料表。

（2）gerber 文件。

（3）坐标文件。

5. 答：

适当的工具和科学的维护保养方法，可以延长设备的使用寿命，减少备件的损耗，提高生产效率和质量，减少元件的损耗。

6. 答：

（1）检查吸嘴末端有无破损以及内部是否有杂物堵塞。

（2）按下吸嘴，如感觉很紧拔出来重新安装。

（3）检查吸嘴是否变形、松紧是否合适。

（4）去除吸嘴的杂物。

7. 答：

在自动控制环境下，全自动焊膏印刷机通过机器视觉配合精密纠偏机构实时矫正 PCB 与钢网之间的位置偏差。

8. 答：

（1）X：应往正方向补偿。

（2）Y：应往负方向补偿。

9. 答：

（1）操作须带防静电手套。

（2）印刷作业时要注意进板方向。

（3）定时测量焊膏厚度。

（4）钢板张力 35 ~ 45 N/cm。钢板寿命 20 000 次，使用结束须登记。

（5）印刷用 3 倍放大镜或 SPI 检测。

（6）焊膏测厚，印刷作业，印刷机操作机台上需有作业指导书。做好日、周、月保养及记录。

10. 答：

（1）焊料的成分。

（2）焊料粉末的颗粒度，即几号粉。

（3）助焊剂类型、活性。

（4）黏度范围。

（5）存储条件等。

11. 答：

（1）母材。（2）助焊剂。（3）焊料。（4）热源。

12. 答：

（1）熔化温度范围窄，适于工程应用范围需要。

（2）润湿性和机械物理性能尚可。

（3）经济性较好。

13. 答：流程为

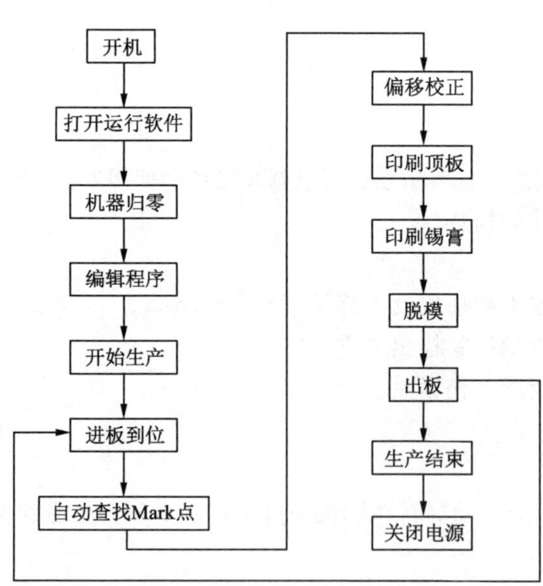

工作领域三　基板焊接

1. 答：

无铅化后，再流焊接温度升高，常用 SnAgCu 合金的熔点为 217~220 ℃，SnAg 合金的熔点为 221 ℃，焊接温度为 240 ℃，考虑到实际生产中 PCB 板上温度一般要低于加热模块温度 10 ℃左右，所以再流焊机应该具有 250 ℃以上的再流加热能力。另外，无铅化后工艺窗口变窄，加上无铅焊料的非共晶特性，PCB 板面横向温差对焊接质量会造成很大的影响，故要努力提高温度的控制精度和加热的温度均匀性，使其加热的横向温度均匀性达到 ± 1 ℃，温度的控制精度达到 ± 1 ℃，使大热容量元器件与小热容量元器件的温度差别控制在 ± 2 ℃之内。考虑到以上原因，无铅化后最好采用红外+热风上下两面同时加热，以增强加热能力，改善热风循环对流方式，提高加热效率。

2. 答：

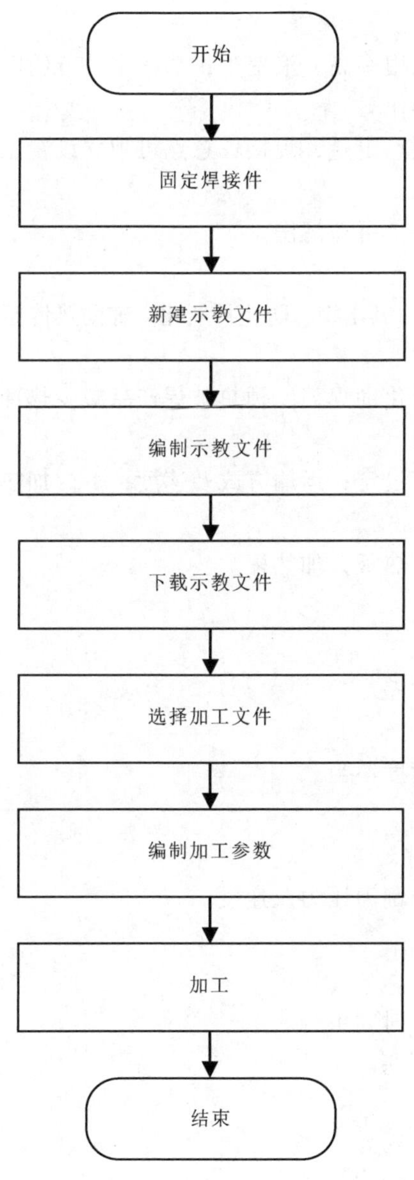

3. 答：

原因分析：

（1）助焊剂有杂质。

（2）预热不足或预热时间过长。
（3）基板阻焊层制作不佳。
（4）零件引脚过长。
对策：
（1）确认助焊剂的性能及洁净度。
（2）优化预热参数设定。
（3）确认基板的阻焊层，亚光为宜。
（4）零件引脚长度 1～2 mm 为宜。
4. 答：
（1）节能：助焊剂喷涂利用率高、浪费少；功率小、节约电力成本。
（2）维护：维护简单易操作。
（3）工艺参数：助焊剂定点定量，焊接任意点可独立设置工艺参数。
（4）治具：不需要治具。
（5）洁净：焊点表面整洁，可免清洗。
5. 答：
去除待焊引线和焊盘表面的氧化物、防止再氧化、辅助热传导、降低焊盘表面张力。
6. 答：
挥发助焊剂中的溶剂、活化助焊剂、预热被焊产品减少热冲击。
7. 答：
炉胆密封性能；炉内温度设定；运输方式及速度；炉内加热方式；风压。
8. 答：
热风循环；红外加热；发热板；加热棒。
9. 答：
原因：
（1）焊盘和元器件可焊性差。
（2）印刷参数不正确。
（3）再流焊温度和升温速度不当。
解决方法：
（1）加强对 PCB 和元器件。
（2）减小焊膏黏度，检查刮刀压力及速度。
（3）调整再流焊温度曲线。
10. 答：
（1）设置加油周期及加油时间不当。
（2）检查油杯出口是否堵塞。
（3）电磁阀是否损坏。
11. 答：
（1）检查紧急制是否处于按下状态。
（2）检查编码器是否工作正常。
（3）检查运输电机是否损坏。

12. 答：

预热区：使基板与元器件预热，同时去除锡膏中的水分、溶剂，以防锡膏飞溅。

恒温区：使基板和元器件温度趋于均匀，保证助焊剂充分熔化。

再流区：使锡膏快速熔化，呈流动状态，润湿焊盘和元器件，并将组件焊接于基板上。

冷却区：降温冷却，锡膏随温度的降低而凝固，有助于焊点光亮。

工作领域四　基板检修

1. 答：

（1）电源切断后，请在 15 s 后再进行上电。

（2）下班前先关闭软件和计算机，再切断总电源。

（3）不要两人或多人同时操作一台机器。

（4）操作人员必须接受相关的安全培训。

（5）设备整体移动中注意不要使设备受到强烈震动和撞击。

（6）若检测过程中发生紧急情况，请迅速按“急停”按钮。

（7）请注意设备工作环境和保养。

2. 答：

（1）识别、标识并隔离不合格品，防止其非预期的使用。

（2）对不合格品进行评审，以决定特采、返工或报废不合格产品；返工产品必须有返工指导书，并由相关人员得到和使用。

（3）采取措施，防止不合格再次发生。

（4）可疑状态产品必须按不合格品对待。

3. 答：

（1）充分识别对产品质量和服务产生影响的活动（过程），对这些活动进行控制，形成文件，按体系要求，建立文件化的质量体系。

（2）每个员工，都能了解各自的工作要求和质量职责，并且通过培训等途径，具备相应的知识和技能。

（3）严格执行体系文件，全体员工在生产和服务的全过程中，严格按质量管理体系的要求来做，并且记录相关活动的结果，即通常所说的：按写的做，按做的写。

（4）不断地进行审核和改进。通过不断地检查和审核，考评质量体系的符合性、适宜性、有效性，同时，将不符合的地方加以改善，作到持续地改进，使质量体系得到有效的维护和完善。

4. 答：

（1）持续改进是一个长期持续的过程，不是进行一次、两次改善活动，是一种没有“最好”、只有“更好”的过程。

（2）持续改进的依据是质量方针、质量目标和各种评审、检查的结果。

（3）持续改进是一个全员参与，全过程、全时段都存在的过程，不是某一部门或某一时段的特定过程。

5. 答：

（1）新的烙铁头第一次使用之前，务必先将烙铁温度调至 250 ℃，让烙铁头的上锡部位充分吃锡，最好是浸泡在锡堆里 5 min，然后在清洁海绵上擦拭干净。

（2）把烙铁温度再次调至 320 ℃，重复上述程序，最后把烙铁温度调至所需要使用温度进行使用。

（3）每天下班之前，将烙铁头在清洁海绵上擦拭干净，然后上一点新鲜的焊锡，第二天使用之前，还是将烙铁头在清洁海绵上擦拭干净，重新上锡后使用。烙铁头的使用温度不宜过高，温度越高，烙铁头的寿命越短，一般建议使用温度为 350 ℃。

6. 答：

BGA 炉温测试板的制作步骤：

（1）材料准备。

（2）使用设备对器件进行拆焊，可根据实际情况在器件的对角和中心打孔，用于埋置测温线。

（3）把热偶线穿过通孔，并把热偶线的测温点埋置在 BGA 焊盘上，并用红胶进行固定。把器件重新用设备焊接到线路板上。

（4）在器件表面贴装一根热偶线，并用红胶进行固定。

（5）最后在热偶线的接插头上标记好热偶线对应位置，利于后期测温后的分析。

7. 答：

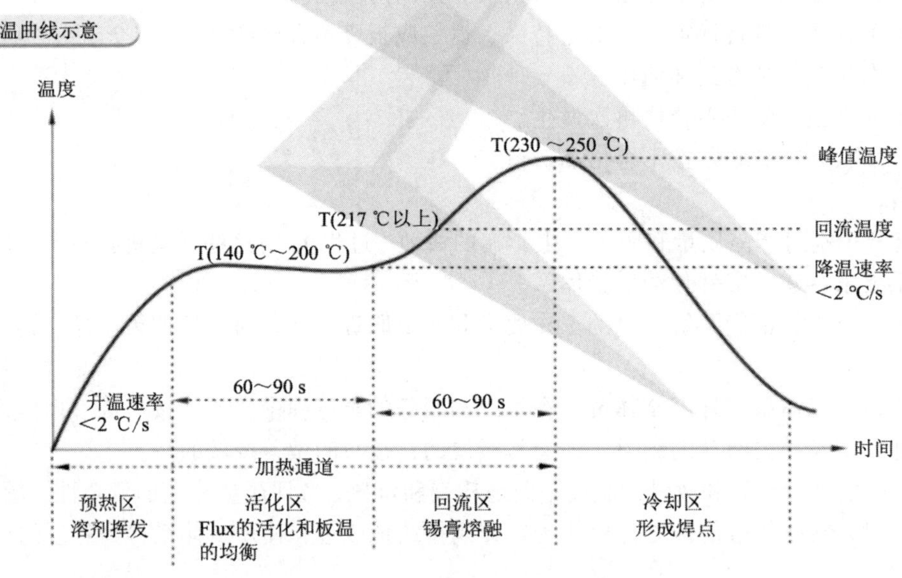

8. 答：

选择对应的印锡钢网，将印锡的小钢网定位并用胶带粘贴在基板上。要使钢网开口和焊盘完全重合，不错位。用刮刀取适量焊膏，然后在小钢网上刮过。刮焊膏时尽量使焊膏在钢网和刮刀之间滚动，然后向上慢慢地提起钢网。提取过程中，要减少手的抖动。

9. 答：

步骤：印焊膏/涂覆助焊膏—植球—加热。

10. 答：

（1）设定某一温度数值。

（2）工作状态下，待温度稳定时，用温度测试仪（如QUICK196）测量风嘴温度，并记下读数值。

（3）同时长按“1”键和“3”键，进入温度校准状态，屏幕显示温度数值闪烁，按“+”或“-”键改变数值大小，按“3”键（STORE）确认。

11. 答：

（1）检查结果稳定、标准统一、缺陷检出率高、误判少。

（2）应用工艺场景多，可用于 SMT、THT 炉前、炉后、终检等工序。

（3）克服了人工目检的局限性，可对 0201、01005 等微小元器件进行检查。

（4）提高工厂自动化程度和生产效率。

（5）有效提升产品品质，降低成本。

（6）可保存已检查产品的图片及信息，满足质量跟踪与追溯要求。

12. 答：

（1）打开软件进入程序编辑界面。

（2）在弹出窗口填写 PCB 信息。

（3）扫描 PCB，将 PCB 放在流水线上流过，相机会自动拍取基板图片，图片采集完成后匹配连板。

（4）编辑元件位置。

（5）将第一拼板所有元件编辑完成后，拓展至所有元件，程序制作完成。

13. 答：

（1）每次上班前 IPQC 用 NG 样板确认检查程序的有效性，将检查结果记录在《AOI 样板检查表》中，如有异常，及时通知 AOI 技术员调试程序。

（2）使用漏料样板确定检查程序检查漏料不良的有效性。

（3）使用极性部品全反向样板确定检查程序检查反向不良的有效性。

（4）使用发生过漏查的 NG 样板确定检查程序改善调试的有效性。

（5）AOI 操作员必须戴防静电腕带作业，每次下班前须清洁机器的外表面，并保持机器周围清洁。

（6）若发生异常情况或 AOI 漏查时，及时通知 AOI 技术员调试处理。

（7）AOI 误查较多时，AOI 查试员及时通知 AOI 技术员调试程序。

工作领域五　基板装联

1. 答：

PCB 补强分两种：

（1）焊点补强主要起到密封作用，防止焊点氧化。

（2）元器件补强主要起到保护作用，防止因震动致使元器件损坏。

2. 答：

（1）焊膏可以采用螺杆阀。

（2）阻焊剂可以采用柱塞阀、撞针阀、隔膜阀、喷雾阀、螺杆阀、喷射阀。

3. 答：

点胶机使用的针头口径太小，过小的针头会影响胶阀开始使用时的排气泡动作，影响液体的流动造成背压，结果导致胶阀关闭后不久形成滴漏的现象。

解决方法：只要更换较大的针头即可解决这种问题。另外液体内空气在胶阀关闭后会产生滴漏现象，最好是预先排除液体内空气，或改用不容易含气泡的胶，或先将胶离心脱泡后再使用。

4. 答：

原因：点胶机储存流体的压力筒或空气压力不稳定，导致出胶不均匀，大小不一致。

解决方法：应避免将使用压力设定在压力表之中的低压力部分。胶阀控制压力应至少在60 psi以上，以确保出胶稳定。最后应检查出胶时间，若小于15/1 000 s会造成出胶不稳定，出胶时间越长出胶越稳定。

5. 答：

四条准则：小点—小号针头，低压力，短时间；大点—大号针头，较大压力，较长时间；浓胶—斜式针头，较大压力，依需要设定时间；水性液体—小号针头，较小压力，依需要设定时间。

6. 答：

批头、吸嘴、供料机。

附录B

理论知识考核试卷样例答案

试 卷 一

一、判断题

1. √	2. √	3. √	4. √	5. ×
6. ×	7. √	8. √	9. ×	10. ×

二、单项选择题

1. D	2. A	3. C	4. A	5. D
6. D	7. B	8. D	9. A	10. B
11. C	12. A	13. C	14. A	15. B
16. B	17. C	18. D	19. D	20. A
21. A	22. B	23. A	24. D	25. C
26. D	27. D	28. D	29. A	30. A

三、多项选择题

1. ABC	2. ABCD	3. ABC	4. ABC	5. ABCD
6. ABC	7. ABCD	8. ABC	9. ABC	10. AC

四、简述题

1. 答：

静电放电能引起元器件失效，这些失效包括：

（1）即时失效（硬击穿），此时元器件已完全不能工作。

（2）延时失效（软击穿），此时元器件还能工作，但已受到伤害，寿命缩短，会在工作期间过早失效。

2. 答：

（1）元件种类设置错误。

（2）元件尺寸设置错误。

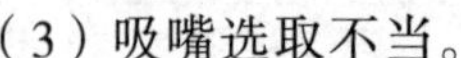

（3）吸嘴选取不当。

（4）吸取元件的速度过快。

（5）吸取位置不正。

（6）Z 轴吸取高度不精确。

（7）料架不良。

（8）激光识别系统脏污或激光高度错误。

（9）吸嘴破损或堵塞。

3. 答：

挥发助焊剂中的溶剂、活化助焊剂、预热被焊产品减少热冲击。

4. 答：

电源切断后，请在 15 s 后再进行上电。下班前先关闭软件和计算机，再切断总电源。不要两人或多人同时操作一台机器。操作人员必须接受相关的安全培训。设备整体移动中注意不要使设备受到强烈震动和撞击。若检测过程中发生紧急情况，请迅速按“急停”按钮。注意设备工作环境和保养。

5. 答：

原因：点胶机使用的针头口径太小，过小的针头会影响胶阀开始使用时的排气泡动作，影响液体的流动造成背压，结果导致胶阀关闭后不久形成滴漏的现象。

解决方法：只要更换较大的针头即可解决这种问题。另外液体内空气在胶阀关闭后会产生滴漏现象，最好是预先排除液体内空气，或改用不容易含气泡的胶，或先将胶离心脱泡后在使用。

试 卷 二

一、判断题

1. × 2. × 3. √ 4. × 5. ×
6. √ 7. √ 8. √ 9. × 10. √

二、单项选择题

1. C 2. B 3. D 4. D 5. A
6. C 7. C 8. C 9. D 10. B
11. D 12. B 13. C 14. C 15. B
16. A 17. D 18. C 19. D 20. A
21. D 22. A 23. B 24. D 25. C
26. D 27. C 28. D 29. D 30. C

三、多项选择题

1. ABC 2. ABCD 3. ABC 4. ACD 5. BCD
6. ABC 7. ABC 8. ABC 9. ABC 10. BCD

四、简述题

1. 答：

传统管道式污染大，效率低，资源浪费严重，安装移动不方便，维护不方便；烟雾净化系统过滤效率高，环保，资源利用合理，安装调整方便，配件更换方便。

2. 答：

元件种类设置错误。元件尺寸设置错误。吸嘴选取不当。吸取元件的速度过快。吸取位置不正。Z 轴吸取高度不精确。料架不良。激光识别系统脏污或激光高度错误。吸嘴破损或堵塞。

3. 答：

开始—固定焊接件—新建示教文件—编制示教文件—下载示教文件—选择加工文件—编制加工参数—加工—结束。

4. 答：

识别、标识并隔离不合格品，防止其非预期的使用。对不合格品进行评审，以决定特采、返工或报废不合格产品；返工产品必须有返工指导书，并由相关人员得到和使用。采取措施，防止不合格再次发生。可疑状态产品必须按不合格品对待。

5. 答：

PCB 补强分两种：

焊点补强主要起到密封作用，防止焊点氧化。

元器件补强主要起到保护作用，防止因震动致使元器件损坏。

附录C

案例分析题与答案

（一）案例分析题

工作领域一　装联准备

1. 某公司稽核人员在稽核某电子工厂时发现，该公司的 SMT 车间有几颗瓜子壳，稽核人员迅速向总部汇报，并取消了订单。请从管理者的角度分析推行 5S 的效能。

2. 某高等职业技术学院刚购买了一条 SMT 生产线，印刷机装机人员在新设备调试前需检查机器的各种配置是否符合要求。请根据新设备安装时的要求写一份试机检查报告。

3. 某公司刚配备了 12 条 SMT 生产线，装机开始试运行前，需制定一份安全检查项目报告保证再流焊炉正常、安全开机。请根据装机要求写一份安全检查项目报告。

工作领域二　基板贴装

1. 某电子公司为提高生产效率，要求将换线时间缩短至 30 min 之内。贴片机生产前，为保证产品的的快速换线，应将相关的准备工作做好。作为生产线的负责人，你准备如何安排换线相应的事宜？

2. 为什么所有塑料封装的 QFP、BGA 器件都要采用真空包装？对于生产后剩余的器件应当如何处理？

3. 某电脑公司生产某产品时出现二极管极性贴反现象，该问题是由于炉后目检人员没有找 IPQC 检验首件导致。针对该问题，请制定首件检验的作业规范。

4. 2008 年 10 月 16 日，某公司在 SMT13 线生产单板时，作业员反映印刷机的后刮刀刮得很干净，但前刮刀的左侧却刮不干净，而且还留有较厚的一层锡。询问操作员得知，刮刀是新的，而且刚刚装上去，并作了刮刀高度测定。经试制组人员观察，发现前刮刀的装配与后刮刀相比，有较大的异常，其左侧的挡锡片的下端比刮刀的底端还要低将近 1 mm，如下图所示，这样在刮的时候，前刮刀左侧就不能真正的接触钢网，当然就刮不干净了。

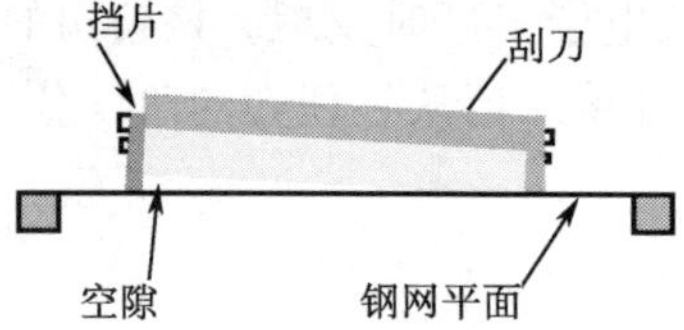

请您就以上现象进行分析，写出一份问题分析报告。报告内容主要应包括：

（1）问题的原因；

（2）改进措施；

（3）经验教训。

5. 某公司组装的 8 拼板的内存条为 1 mm 厚的双面板，每块拼板的正反两面都有 1.25 mm 间距的 SOP 和 0805 的阻容器件，板的正反面完全对称，但在生产正面时，在印刷后 1.25 mm 间距的 SOIC 时总是产生连锡的现象，板的结构大体如图所示。

请您就以上现象进行分析，写出一份问题分析报告，报告内容主要应包括：

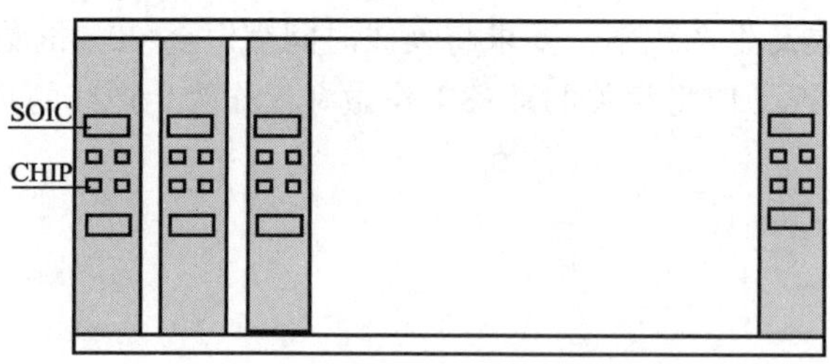

（1）问题的原因；

（2）改进措施；

（3）经验教训。

6. 某公司的单板上有节距为 0.4 mm 的 QFP 器件，在再流焊时总是产生连锡的现象。经初步分析，认为是印刷不良所致，于是工程师减小了刮刀压力，目的是防止焊锡渗透到钢网下面引起污染而导致连锡，但压力减低又因刮不干净而出现拉尖，且很容易堵塞网孔产生少锡现象。调回压力后操作员用手擦干净钢网，连锡现象消失，但在间隔一段时间后连锡现象又复出，抽出钢网进行检查，发现钢网下面很脏，清洁纸上根本没有擦过焊膏的痕迹，于是怀疑擦网装置有问题，仔细观察擦钢网的过程，发现擦网装置上的塑料顶块和纸没有顶到钢网上面，故起不到清洁钢网的作用。擦网装置的工作结构示意图如图所示。

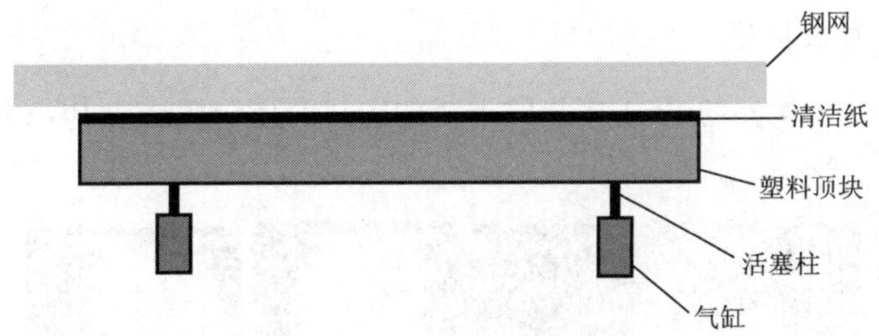

请您就以上现象进行分析，写出一份问题分析报告。报告内容主要应包括：

（1）问题的原因；

（2）改进措施；

（3）经验教训。

工作领域三　基板焊接

1. 根据给定基板，请说明如何利用炉温测试仪测量炉温曲线，注意测试方法、步骤和注意事项。

2. 分析下列图中是何不良、引起该不良的原因及改善对策。

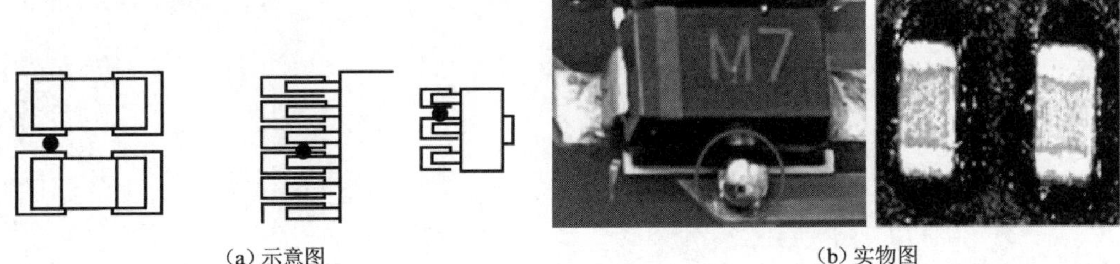

（a）示意图　　（b）实物图

3. 简要描述再流焊工作流程。

工作领域四 基板检修

1. 下图为X-RAY检测的BGA焊接时形成的图片。请分析造成BGA冷焊的主要原因并提出改善措施。

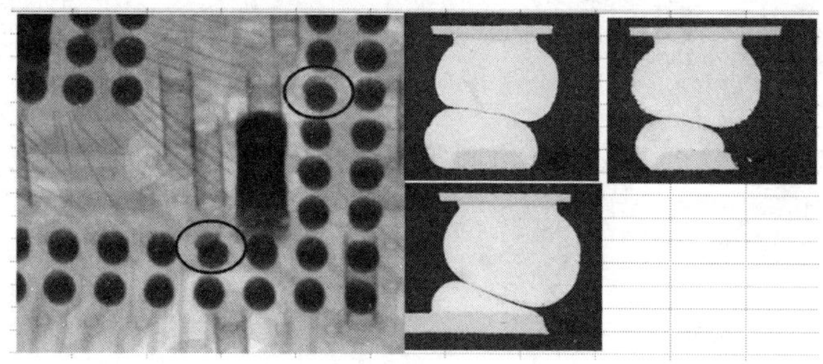

2. 请给出QUICK EA-H15返修台拆除需要拆的元器件的步骤。

工作领域五 基板装联

1. 请简述点胶时出现滴漏现象的原因以及解决方法和在自动点胶过程中出现流速过缓的原因以及解决方法。

2. 请分别从点胶和焊接两种案例来分析要掌握的客户信息。

3. LED 点阵是某公司一款主打产品，该公司与我公司联系关于 LED 点阵板产品的加工事宜。该产品有贴片元件、LED 灯为插件，并且贴片元件与 LED 通孔元件的焊盘在同一面。请回答下面问题：

（1）该产品的生产工艺应如何设计？

（2）设定红胶的炉温曲线，并说明红胶炉温曲线一般指标。

（二）答案

工作领域一　装联准备

1. 答：

5S 的具体内容为整理、整顿、清扫、清洁、素养。5S 活动的开展将有益于产品组装良率的提高，有益于企业员工素质的进一步提高，有益于树立企业良好的形象。

2. 答：

（1）检查所输入电源的电压、气源的气压是否符合要求。

（2）检查机器各接线是否连接好。

（3）检查设备是否良好接地。

（4）检查气动系统是否漏气，空气输入口过滤装置有无积水，是否正常工作。

（5）检查机器各传送皮带松紧是否适宜。

（6）检查是否有无关的碎物留在电控箱内，电控箱内各接线插座是否插接良好。

（7）检查有无工具等物遗留在机器内部。

（8）根据所要印刷的 PCB 板是否符合要求，准备好相应的网板和焊膏。

（9）检查磁性顶针和真空吸盘是否按所要生产的 PCB 尺寸大小摆放到工作台板上。

（10）检查清洗用卷纸有无装好，检查酒精箱中空气压力及液位（酒精箱内压力应为 1～2 kg/cm^2，液面应超出液位感应器）。

（11）检查机器的紧急制动开关是否弹起。

（12）检查三色灯工作是否正常，检查机器前后罩盖是否盖好。

3. 答：

（1）检查是否有无关的碎物留在电控箱内，电控箱内各接线插座是否插接良好；检查位于出、入口端部的紧急制动开关是否弹起。

（2）检查 UPS 是否正常工作。

（3）保证再流焊炉的入口、出口处的排气通道与工厂的主通风道进行活动式连接。

（4）检查传送网带是否在运输搬运中脱落或挂住。

（5）检查传输链条有无从炉膛内的运输导轨槽中脱落。

（6）检查位于传送装置进出口两端的链轮和齿轮紧固螺钉是否已全部拧紧。

（7）检查传输链条传动是否正常，保证其无挤压、受卡现象，保证链条与各链轮啮合良好，无脱落现象。

（8）清理干净炉腔，不要将工件以外的东西放入机内。

工作领域二　基板贴装

1. 答：

（1）贴装工艺文件准备。

（2）元器件类型、包装、数量与规格稽核。

（3）PCB 焊盘表面焊膏涂覆稽核。

（4）提前备料，上一产品生产完毕迅速转换型号。

（5）是否有手补件或临时不贴件、加贴件。

（6）贴片机编程。

2. 答：

QFP、BGA 等元器件属于潮湿敏感元件，必须采用真空包装，否则元器件吸取空气中的水蒸气之后，过再流焊会导致元器件分层、开裂等不良现象，剩余器件应及时清点数量，放到烤箱中保存。

3. 答：

（1）检查编制的贴片程序是否能正常运行，是否能实现贴片作业需求。

（2）检查贴装元器件种类、型号、极性是否与表面组装样板或相关工艺文件相符。

（3）检查贴装元器件有无损坏、引脚有无翘曲变形。

（4）检查元器件贴装位置是否偏移或漏贴。

4. 答：原因：

（1）刮刀边上的挡片装配不合格导致印刷时出现印刷不良现象。

（2）改进措施：拆下刮刀后将挡片装配好，保持刮刀平行。

经验：

（1）开始生产前认真检查相关作业用具，刮刀、钢网、顶针高度、顶针是否有变形现象。

（2）管理人员要及时检查刮刀、钢网、顶针的维护情况，发现问题及时处理。

5. 答：

（1）PCB 的厚度比较薄，双面、多连板，导致印刷时焊膏厚度太厚从而出现 SOIC 连锡的情况。

（2）PCB 设计时，各拼板之间连接起来，保证 PCB 印刷时不能太软，同时在拼板之间加顶针，印刷时保证 PCB 贴紧钢网。

（3）PCB 设计人员要了解 SMT 的制程，设计要考虑 PCB 的可制造性。

6. 答：

（1）原因：在印刷有细间距 QFP 的 PCB 时，印刷一段时间之后，钢网底部容易残留焊膏，造成 QFP 印刷连锡。所以印刷细间距的元器件时，必须对钢网自动清洁，而此时清洁纸没有接触到钢网，故造成一段时间之后又连锡。

（2）改进措施：对钢网清洁装置进行维修。由于下面的汽缸动作装置没有把擦拭纸顶起来，应检查汽缸与电磁阀动作情况，使汽缸动作正常。

（3）经验：设备的维护保养没有安排，或者没有执行；月保养时要仔细检查设备的各部分动作情况。

工作领域三　基板焊接

1. 答：

（1）为满足生产要求，应在吸热最大的组件、吸热最小的组件、空焊点及对温度有特殊需要求的组件上分布测试点。

（2）验证设备的分布偏差，测试点尽量在 PCB 板上分布均匀。

（3）双面贴片同时焊接时，应该在 PCB 上下两面都选择一个测试点，板背面选择一个测试点。

（4）关键器件一般作为一个测试点测量。

（5）大的地线焊盘。

（6）热敏感元器件。

注意：炉子至少运行 30 min 后才可进行温度曲线的测试，否则炉温会不稳定。

2. 答：

（1）温度曲线不正确。

（2）焊膏的质量不佳。

（3）板的厚度与开口尺寸不对。

3. 答：

（1）PCB 进入预热区时，焊膏中溶剂、气体蒸发掉，同时，焊膏中的助焊剂润湿焊盘、元器件端头和引脚，焊膏软化、塌落、覆盖焊盘，将焊盘、元器件引脚与氧气隔离。

（2）PCB 进入恒温区时，PCB 和元器件得到充分的预热，以防止 PCB 突然进入焊接高温区而损坏 PCB 和元器件。

（3）PCB 进入焊接区时，温度迅速上升使焊膏达到熔化状态，液态焊锡对 PCB 的焊盘、元器件端头和引脚润湿、扩散、漫流或再流混合行程焊锡接点。

（4）PCB 进入冷却区后，焊点凝固，至此完成再流焊接。

工作领域四　基板检修

1. 答：

（1）再流焊设定的温度曲线不合适，温度不够造成冷焊。

（2）BGA 的锡球氧化造成冷焊。

（3）锡球与焊膏的兼容性差。

（4）锡球表面有异物。

改善措施：

（1）重测炉温曲线，达到标准。

（2）加强 BGA 的物料管理。

（3）避免锡球与焊膏不兼容造成冷焊现象。

2. 答：

（1）将所需要拆焊的板放在支撑架上，先看看板子是否与线位器在同一条水平线上，如不在，首先把紧固螺丝拧松，然后调节线位器与 PCB 板在同一水平线上。

（2）根据对应的 PCB 所需拆焊的元件编辑程式。

（3）调节 RPC（工艺摄像机）至可以清楚看到零件脚的位置。

（4）程序上载与下载好后，直接把加热器移动到所须拆焊零件的上方，关闭风扇开关，加热器开始工作。

（5）当工艺进行时，显示器上的 LED 灯指示出什么时候到达 T1、T2、TL、T3 温度，当通过 RPC 看到焊料熔化时，用户可以按键把显示校正到液态温度 TL 状态。

（6）当温度曲线上升至峰值温度的时候，仪器会发出报警声，这个时候打开真空开关按下真空吸嘴，将零件吸起，移开加热器再按一下真空吸嘴将零件放在托盘上，这时打开风扇开关。

（7）用烙铁清除 PCB 板上的残留焊锡。

工作领域五　基板装联

1. 答：

（1）原因：点胶机使用的针头口径太小，过小的针头会影响胶阀开始使用时的排气泡动作，影响液体的流动造成背压，结果导致胶阀关闭后不久形成滴漏的现象。

（2）解决方法：只要更换较大的针头即可解决这种问题，另外液体内空气在胶阀关闭后会产生滴漏现象，最好是预先排除液体内空气，或改用不容易含气泡的胶，或先将胶离心脱泡后再使用。

（3）流速过缓原因：点胶机管路过长或者过窄，管口气压不足，点胶流速过慢。

解决方法：将点胶机管路从“1/4”改为“3/8”，管路若无需要应越短越好。另外还要改进胶口和气压，这样就能加快流速。

2. 答：

点胶我们要掌握的客户信息有：

（1）现行的点胶工艺。

（2）胶水的流动性怎么样（胶水的黏度）。

（3）胶水固化方式。

（4）点胶的图形如何及点胶精度要求等。

焊接我们要掌握的客户信息有：

（1）现行的焊接工艺。

（2）锡丝的成分及助焊剂比例。

（3）焊盘的成分及可焊性。

（4）在待焊前产品的工艺。

（5）以及是否有其他如时间、温度等特殊的要求。

3. 答：

（1）贴片元件采用红胶工艺，固化后再插件，最后采用波峰焊进行焊接。

（2）红胶炉温按照再流接受 120 ℃需 90 s 以上，150 ℃在 60 ~ 90 s 为宜。

（3）上下温区可设置为：130 150 170 170 170 170 160 140。